基于绿色理念的生态文明建设路径研究

张玉琳 著

吉林大学出版社
·长春·

图书在版编目(CIP)数据

基于绿色理念的生态文明建设路径研究 / 张玉琳著. —长春 ：吉林大学出版社，2022.1
ISBN 978-7-5692-9976-2

Ⅰ. ①基… Ⅱ. ①张… Ⅲ. ①生态环境建设－研究－中国 Ⅳ. ①X321.2

中国版本图书馆 CIP 数据核字(2022)第 037768 号

书　　名：基于绿色理念的生态文明建设路径研究
JIYU LÜSE LINIAN DE SHENGTAI WENMING JIANSHE LUJING YANJIU

作　　者：张玉琳　著
策划编辑：黄国彬
责任编辑：杨　平
责任校对：周　鑫
装帧设计：姜　文
出版发行：吉林大学出版社
社　　址：长春市人民大街 4059 号
邮政编码：130021
发行电话：0431－89580028/29/21
网　　址：http://www.jlup.com.cn
电子邮箱：jdcbs@jlu.edu.cn
印　　刷：天津和萱印刷有限公司
开　　本：787mm×1092mm　1/16
印　　张：12.25
字　　数：200 千字
版　　次：2023年6月　　第 1 版
印　　次：2023年6月　　第 1 次
书　　号：ISBN 978-7-5692-9976-2
定　　价：68.00 元

前 言

在人类社会的早期，人类的认知能力有限，对自然的认识还未深入，因而对自然的改造与利用程度也不高，但是，随着科学技术的进步与发展，人类进入工业化社会，开始从自然界无节制地攫取资源，虽然人类社会生产力得以提升，但是这也在一定程度上给自然带来了“伤害”，人与自然的关系愈发紧张。逐渐地，全球气温上升、各种灾害频发，生态危机加剧，甚至人们可以在自己居住的小河边闻到工厂里排出来的臭味。人们意识到必须要做出改变，必须要与自然和谐相处，生态文明就是在这种背景下提出来的。生态文明是人类既获利于自然，又还利于自然，在改造自然的同时又保护自然，使人与自然之间保持着和谐统一的关系。

自中国实施改革开放政策以来，中国在经济建设上取得了举世瞩目的成就，但是不得不承认的是，在漂亮的经济成绩背后，我们也付出了惨痛的环境代价，环境被污染，生态被破坏。随着中国经济转型的需要以及政府、民众生态意识的觉醒，修复、保护和建设生态环境成为当前社会建设的重点。基于此，党的十八大报告将生态文明建设提到前所未有的战略高度，将生态文明建设与经济建设、政治建设、文化建设、社会建设一道纳入社会主义现代化建设“五位一体”的总体布局。这其实已经表明，党的确意识到了生态文明的重要性。《中共中央关于制定国民经济和社会发展第十四个五年规划和二〇三五年远景目标的建议》指出，党和政府要坚持绿水青山就是金山银山理念，坚持尊重自然、顺应自然、保护自然，坚持节约优先、保护优先、自然恢复为主，守住自然生态安全边界。党和政府深入实施可持续发展战略，完善生态文明领域统筹协调机制，构建生态文明体系，促进经济社会发展全面绿色转型，建设人与自然和谐共生的现代化。这标志着中国生态文明建设进入新的阶段。可见，生态文明建设对于现在的中国、将来的中国都至关重要。

绿色理念下的生态文明发展不仅影响着小康社会这一宏伟战略目标的实现，也影响“四化”发展进程。因此，加强生态文明建设要坚持绿色发展理念。绿色不仅体现了人民对美好生活的追求，而且还是永续发展的必要条件，在把握绿色发展理念的基础上进行生态文明建设，将让人民更幸福、让民族更有希望。不过，虽然绿色理念的落脚点是推动生态中国建设，但是，这项工作是一个庞大的工程，涵盖了生态、经济与社会等多个领域，因此，只靠中国政府的努力是不够的，个人与社会也应该自觉行动起来，积极参与生态中国建设。

鉴于中国生态文明建设的必要性与紧迫性，作者在总结前人优秀研究成果以及自身丰富教学经验的基础上，探讨了基于绿色理念的生态文明建设路径问题。本书共分为八章，第一章到第三章介绍了一些基础性知识。介绍了绿色发展理念、生态文明与生态文明建设的相关内容，解读了绿色发展理念与生态文明的内涵，对生态文明建设的驱动因素与存在问题予以分析。第四章到第七章概括了基于绿色理念的生态文明建设路径体系，主要包括制度路径、经济路径、教育路径、国际化路径等。第八章展望了中国生态文明建设的发展方向，主要从三个方面展开，分别为加强生态保护、加强资源利用与加强污染防治。

生态文明建设任重而道远，本书相关研究成果在一定程度上可以给生态文明建设实践以必要的指导。不过，由于时间仓促以及作者水平有限，书中不少观点可能存在不当之处，恳请专家批评指正。

目　录

第一章 绿色发展理念概述

自从实施了改革开放的政策，我国迎来了发展的新局面，我国社会发展稳定，经济发展也取得了一定的成绩。然而我国经济的发展却对环境造成了一定的破坏，经济的快速发展不能以牺牲生态环境为代价，因而新时代，人们都意识到了保护环境的重要性，我们要秉承绿色发展的理念，不断建设和完善相应的法律法规等，从而更好地促进社会的可持续发展。

第一节 绿色发展理念的提出与形成

一、绿色发展理念的提出背景

(一)绿色发展理念是在全球生态环境危机背景下提出的

在21世纪，人类社会在发展的过程中遇到了很多现实的问题，其中比较棘手的问题包括如下三个方面：第一就是国际的气候发生了较大的变化，第二就是地球目前的环境正在不断恶化，第三就是人们遇到了十分严重的资源危机。从21世纪开始，联合国多次召集成员国开会强调保护生态环境的重要性，引导各个国家在发展实践中秉承绿色发展的理念，从而为可持续发展奠定基础。其实，为了保护地球的生态环境，很多国家都采取了积极的措施，并产生了一定的积极影响。目前，中国是一个发展中的大国，我国在新的发展时期也在积极地践行绿色发展的理念，增强自身在国际上的影响力①。

(二)绿色发展理念是在中国环境恶化和资源枯竭的严峻形势下提出的

众所周知，从1978年改革开放之后，我国开始加强与世界各国之间的交流和沟通，这也促使我国的经济获得了稳步的发展。然而人们不能仅仅看到经济发展的一面，还应该看到经济发展对环境造成了严重的破坏，这种破坏需要现代人花费大量的时间和精力来修复，否则地球的生态平衡就会遭到破坏，从而影响人类社会的健康发展。人们在发展经济时，除了破坏了生态的平衡，还使地球上的很多资源都濒临枯竭，这些资源往往和人类的生存息息相关，因而我们应该遵循绿色发展的理念，从而逐渐优化经济的增长模式，在保护环境和资源的前提下促进经济的稳步增长。

(三)绿色发展理念是基于中国坚持走可持续发展道路的背景下提出的

在20世纪80年代末期，人们就意识到了生态环境保护的重要性，相应的组织机构就提出了可持续发展的理念。很快，可持续发展的理念被越来越多国家接受并广泛传播，对世界各国的发展都产生了影响。中国是世界上比较有影响力的国家之一，我们一直秉承着走可持续发展的道路，因而我国也相应地采取了很多积极措施来促进可持续发展。绿色发展的理念就是在这样的背景下提出的。

二、绿色发展理念的形成

自从1978年我国实施了对内改革、对外开放的政策之后，我国社会取得了较大的发展。在我国经济获得快速发展的同时，我国的生态环境却遭受了较为严重的破坏，这对人们的生存以及发展都提出了较大的挑战。当我国政府的相关部门意识到生态环境被严重破坏之后，及时地采取了相应的措施来修复生态环境，开始走可持续发展的道路。需要强调的是，人们要想保护和修复被破坏的生态环境就需要转变思想，只有人们在思想中确立了正确、科学的发展理念，人们才会在实际的行动中来有意识地保护环境，保护生态的

① 李世杰．绿色发展理念的形成和内涵解读[J]．现代商业，2018(13)：168—169.

平衡，同时节约和保护人类赖以生存的各项资源。为了实现我国的发展目标，建立美丽生态中国，我国政府把生态文明建设摆在了十分重要的位置，并写入了党的十八大报告中。可见我国的政府十分重视生态文明建设，并采取措施来落实各项生态文明建设工程。对于社会大众而言，国家把生态文明建设写入了十八大报告中，可以看出我国政府治理生态环境的决心和毅力。大众都应该积极地响应国家的政策号召，在学习、生活和工作中都注重保护身边的生态环境，从而产生积极的影响。在2015年，政府召开了十八届五中全会，并提出了一个全新的发展理念，即“创新、协调、绿色、开放、共享”，这也是我国历史上第一次提出了“绿色发展”的理念，这对于我国经济、社会以及政治等领域的发展都具有重要的指导作用和意义。至此，我国绿色发展的理念基本形成。①

第二节　绿色发展理念的内涵解读

一、绿色发展理念五大内涵

(一)绿色经济发展理念

绿色经济发展理念要求人们优化我国传统的经济发展理念，促使经济获得可持续的发展，从而为群众创造更多的物质财富以及精神财富等。从深层次进行分析，绿色经济发展理念其实就是一种结合社会发展背景的全新的经济发展理念。众所周知，对于一个国家的发展而言，经济是重要的基础，因而我国要想实现绿色发展就必须先实现绿色的经济发展，这也是国家发展的重要保障。具体而言，第一，人们在大力发展经济时必须考虑环境的因素，经济的发展应该以不破坏生态环境为重要的前提。这就需要各行各业的人们在发展经济时综合多个方面的因素，科学、合理地评估自身的行为可能会对环境造成的影响，进而将这种负面影响降到最低。第二，人们采取相应的措

---

① 戴进. 以绿色理念引领生态中国建设[J]. 传承，2016(5)：50－51.

施来保护环境，促使环境能够可持续发展，这实际上也能够从反向促进经济的发展。这二者是相互依存的关系，人们不能为了加速经济的发展大肆地破坏环境，这样的做法有悖自然的客观发展规律。总之，在新的发展时期，我们应该坚持绿色经济的发展理念，要在经济的发展过程中始终把绿色发展、低碳发展等理论落实到底。

(二)绿色环境发展理念

绿色环境发展理念就是要求人们在认识自然、开发自然以及改造自然的过程中要能够科学、合理地利用自然资源，本着节约的原则来开发自然资源，从而使自然资源以及人们的生态环境可以获得可持续的发展。总之，人类在开发自然资源时要对大自然充满敬畏感，要怀着感恩的心理来对待获取的资源，从而使人类和大自然能够和谐相处。

(三)绿色政治生态理念

绿色政治生态理念是指政治生态山清水秀，从政环境风清气正。

(四)绿色文化发展理念

文化是一个十分广泛的概念，因而绿色文化和很多蕴含绿色思想的理念联系十分紧密，如生态环境保护意识等理念。实际上，绿色文化也是文化的重要组成部分，这种文化反映出来的思想就是人类在不断追求和探索人与自然和谐相处的方式中，不断规范人们的思想和行为。人们在发展的过程中践行绿色发展理念就是要把绿色文化渗透到发展的各个环节之中，发挥其强大的指导作用。总之，绿色文化发展理念是一种十分有价值的文化思想，不断弘扬这种文化可以使每个群众都深入了解绿色发展的相关理念，能够加快我国的经济结构调整，从而促进社会稳定和谐的发展。

(五)绿色社会发展理念

众所周知，在人们的日常生活中，绿色代表着生机，能够给人带来希望和喜悦，因而绿色的社会发展也是现代社会和谐、稳定发展的重要标志。绿色社会代表着社会步入了稳定发展的阶段，代表着人们满足于现有的生活并愿意憧憬美好的未来，这是社会良性的发展。

二、用绿色理念引领生态中国建设

(一)从国家层面来看

中国要加强生态文明建设就需要从国家的层面来制定相应的制度等，从而为生态文明建设提供强有力的制度保障。其中，我国需要进一步加强和完善的制度涉及很多方面，如生态补偿的法律制度以及环境教育制度等。目前，虽然我国已经建立了很多和环境保护有关的法律制度，然而这些法律制度的落实情况却不容乐观。为了使环境保护制度更好地发挥实效，国家应该进一步完善领导干部的环境保护政绩考核制度。对于我国各地的领导干部而言，国家只有把环境保护的政绩作为评价他们在任期间政绩的重要组成部分，他们才会高度重视环境保护的相关事宜，才会真正地采取必要的措施来优化当地的生态环境。总之，国家应该从如下几个方面从根源上践行绿色的发展理念，促进我国经济的发展。

第一，相关的行业必须不惜代价地淘汰那些对环境产生严重破坏的设备以及产品等。第二，政府部门应建立相应的建设项目环保资质要求审核制度。第三，各地相应的环保部门要加大惩罚的力度，严厉处罚那些污染超标或者直接采取关闭企业的方式来处理那些污染严重的企业。第四，相应的环境保护监管部门要加大监管的力度，严格按照国家制定的相应法律法规等来监督管理，从而使法律政策落到实处。

在落实上述各种要求的过程中，政府主体发挥着十分重要的作用，他们要科学、合理地引导各级官员树立正确的政绩观，而不仅仅是把经济的增强作为政绩观评价的唯一指标，这样才能够使官员在发展经济的同时还能够保护生态环境。

(二)从社会层面来看

从社会的层面进行分析，社会的各个成员都应该在实践中遵循绿色发展的理念，从而使整个社会的经济、政治、文化等都能够获得可持续的发展。具体分析而言：第一，社会中的各个成员尤其是各行各业的企业应该在寻求发展的过程中树立正确、科学的环保理念，这样他们才能够用正确的理念来指导自身的行为。社会的各个成员需要充分地认识到，大自然的物质资源是有限的，并不是取之不尽、用之不尽的，因而人们应该尊重自然、学会和自然和谐相处，从而达成一种共赢的局面。众所周知，目前人类赖以生存的只有地球，宇宙中的其他星球并不适合人类生存，因而社会的各个成员都应该爱护地球、保护地球，更应该在开发地球资源时坚持节约的原则，提升资源的利用价值。第二，在发展的过程中，社会要大力促进生态环保产业的发展。一直以来，我国的农业发展相对比较落后，人们使用的技术手段也相对比较落后，因而现在我们应该改进和优化农业发展，大力推动生态农业。我国国土面积十分广阔，但是我国还有很多地区的土地不适合发展农业，因而我们要珍惜每一寸可以用于农业生产的土地，提升土地的利用率，逐步使农业的发展成为绿色发展的产业。此外，社会中的成员还可以根据自身的地理环境条件等发展生态旅游业，从而发挥地域优势和资源优势，转变地区的经济增长方式，最终提升我国的综合实力。

(三)从个人层面来看

从个人的层面进行分析，每个社会大众都应该在自己的生活和工作中努力践行绿色发展理念，用自己的实际行动来为绿色发展做出应有的贡献。例如，人们在生活中可以采取绿色的生活方式并长久地坚持这样健康的生活方式，其具体包括如下几个方面：

第一，社会的各个机构充分地运用各种宣传手段和媒介等来宣传绿色生活方式，从而让更多的个体了解和选择这种绿色生活方式，宣传的力度一定要大，这样才能够达到较好的宣传效果；第二，倡导个体要在生活和工作中节约煤炭、石油等不可再生能源，探索、开发和利用那些可再生的能源；第三，提倡人们合理地对垃圾进行分类处理，降低垃圾对环境的污染程度；第四，提倡人们在施工中尽量地使用生态环保的建筑材料，减少对环境的影响；第五，倡导人们积极地开展生态旅游，吃健康绿色的食品，不要带有猎奇的心理捕获并食用野生珍贵生物等。

第三节　中国古代的绿色智慧

一、中国古代生态思想的缘起

在人类发展的最初阶段，对大自然充满了未知，还不知道应该如何探索大自然，更不知道应该如何开发和利用大自然，因而那个时候人们的生活完全得不到保障，只能依靠上天的恩赐来勉强度日。那时人们对大自然充满了敬畏之心。在人类探索大自然的漫长发展历史中，人类慢慢地开始采用一些符号载体等来表达他们对大自然的理解和崇拜，这时就出现了图腾，这是一种十分独特的文化现象，也是我国的历史中最早形成的关于大自然的生态文化现象。在最初的阶段，人类往往会选择若干种动物作为图腾进行崇拜。需要指出的是，那时社会的文明比较落后，不同的部落往往会信仰不同的动物图腾，例如，原始的黄帝部落主要是把熊这种动物作为图腾进行崇拜，而夏族则是把鱼当作图腾进行崇拜等。通过分析可知，在那个时期，社会发展相对比较落后，人们的思想发展也受到了很大的限制，因而那时的人愿意把动物当作图腾来寄托人们对神灵的崇拜。具体分析而言：第一，人们主要从大自然中寻找生存的物质条件等；第二，那时由于人类还不熟悉大自然，他们十分地害怕大自然中各种令人恐惧的自然现象，人们就创作了图腾来寻求保护和庇佑。随着人类不断地进化，人们开始清晰地认识大自然的各种自然现象，并开始顺应大自然的发展，这也是我国远古时代出现的关于人与自然的生态思想萌芽。

在远古时代，人们之所以会在生活中崇拜身边的动物形象以及植物形象等就是因为这些动物以及植物等为人们的生存提供了必要的物质条件。人类依靠这些动植物才能够存活，才得以生存下来。在那个时候，由于人们还没有办法从科学的视角来分析和探讨大自然，因而他们十分敬畏大自然中的很多自然现象，人们也会把大自然中很多真实存在的事物当作神灵进行供奉，因而在远古时代才会出现很多自然界的神灵，如山神、风神以及雨神等。在远古时代，人们对大自然的态度十分矛盾，人们既依靠大自然生存，又畏惧大自然。他们选择一些大自然的真实形象进行崇拜，这也寄托了人们的一种美好愿望。在远古时代，虽然人们还无法深入、科学地认识大自然，但是人们已经清晰地认识到大自然对人类生存的重要性，即人类既要依附于大自然而存在，又要与大自然做一定的斗争，从而达到一种十分和谐的状态。其实远古时代人们的这种思想就是最早的生态思想，这种思想对于人类的生存和发展具有积极的意义，因而这种思想流传至今，依然会影响现代人的生态思想。

自从人类知道了种植农作物可以获得粮食，人类就开始广泛地种植粮食，这也标志着古代的种植业开始逐步形成并渐渐地发展起来，它同时代表着人类开始步入古代文明时期，人类不再是完全依靠上天的恩赐而生存下来。在远古时代的最初时期，人类形成的文化主要是以自然文化为主，进入古代文明时期，人类形成的文化主要是以人文文化为主，可见人们的生存方式发生了较大的改变。众所周知，自然文化和人文文化二者有显著的不同，在自然文化中，人类认为自身和大自然是融为一体的。而在人文文化中，人类更加重视人的因素和作用，开始考虑人的主观能动性产生的影响等，在这种文化中，很多古代的思想家等都提出了关于人和自然相处的理念，如“天人合一”等。在古代文明时期，人类开始在农耕的实践中积极地进行探索，从而推动种植业的大规模发展。那时人们不仅探索和研究农耕的技术等，人们还会研究农耕的管理方式，从而要求人们在农耕的过程中也能够保护耕地周边的生态环境，这样才能够使土地被充分地利用起来，发挥其实效。这也标志着我国古代的生态思想在这个时期已经基本形成。

二、人与自然和谐共生

中国古代社会的经济基础是以分散的小农业和家庭手工业相结合的自给自足的自然经济和农耕文化为主，“靠天吃饭”，与自然界关系密切。在农耕社会中，人类主要依靠种植农作物来获得粮食，从而满足自身的基本生存需求。这时人类和大自然之间的关系是十分紧密的，人类只有充分地认识和总结大自然的各项自然规律，人们才能够根据自然的相应规律进行耕种，这也是人类进行耕种的重要基础。目前，全球都面临着比较严重的生态问题，我们可以从我国古代智者的思想中得到一些启发，从而帮助现代人更好地分析和解决生态问题。

(一)天人合一的思想

在“天人合一”这种思想中，通常人们把“天”指代的就是大自然。这里的“天”并没有完全固定的意思，有时人们也把“天人合一”中的“天”理解为一种最高的原理或者是某种最高的主宰等，“人”一般就是指人类，而“合一”一般被人们理解为：人类和大自然融为一体，合二为一。有时人们也从信仰的角度来分析和探讨天人合一，它指精神层面的天人合一。在中国的历史上，“天人合一”这种思想流传了很多年，并且被很多古代的思想家以及哲学家所推崇，这也对我们中国的文化产生了深刻的影响。总而言之，在中国人的思想中，“天人合一”这个命题具有深远的价值和意义，值得人们深入探讨。我国古代很多思想家都强调了“天人合一”的思想，如孔子的儒家思想就一直强调“天人合一”，探讨人与自然和谐相处，这也充分地表明古人的生态思想。

宋代的张载则正式提出了“天人合一”的主张。张载在其著作《正蒙·乾称》中明确提出了“儒者则因明至诚，因诚至明，故天人合一。”这一说强调人类认识客观世界规律的重要性，以及人与自然的和谐统一，共同发展。既然“天”与“人”是合二为一的，那么人类要永远存在和发展下去，就必须保护好自然，与自然共同发展。千百年来的人类实践活动也反复证明了，哪里的自然环境遭到了破坏，哪里的人类就必将难以生存下去，也必将受到大自然的惩罚，为此付出沉重的代价。张载将天地视为父母，将人类视为同胞，将宇宙间一切万物，无论是动物还是植物，视为人类的伙伴。他认为，人类在自然界面前应保持一种谦虚的态度，人只是自然界的一部分，人与自然界中的万物同生同在，人类应该像对待自己的亲人一样善待宇宙间一切生物，与自然和谐相处、共同发展。既然大自然是我们的“同胞”“亲人”，那么，人类在源源不断地从大自然中获得资源发展自身时，就应该维护自然的基本权益，绝不能贪婪无度，任意破坏。如同善待亲人一样对待自然，体现了人与自然和谐共生的思想。

实际上，“天人合一”这种思想的内涵十分丰富，我国古代不同的哲学家以及思想家等都给出了不同的关于“天人合一”的理解。例如，在道家的思想中，他们更加重视“自然”的作用，而在儒家的思想中，他们更加重视“人文”的影响。虽然不同的思想家对“天人合一”思想理解的侧重点不同，但是他们都强调人类应该追求与自然统一。“天人合一”的思想虽然比较朴素，然而其揭示的道理却影响深刻。这也是我国历史上最早形成的生态思想。

(二)协助自然培养万物

中国哲人在提出“以时禁发，不可胜用”的同时，也看到了人的主体性作用。《尚书·泰誓》中有：“惟天地，万物父母。惟人，万物之灵。”《荀子·王制》中记载：“水火有气而无生，草木有生而无知，禽兽有知而无义，人有气有生有知亦且有义，故最为天下贵也。”人既贵为万物之灵，所以不是万物中的普通成员，在天地万物生生不已的运动变化过程中就负有特殊的使命。第一，面对大自然，人类在开发和利用自然资源的过程中应该遵循大自然固有的规律，不能违背大自然的发展规律；第二，人类在开发和利用自然资源的过程中除了要顺应大自然的规律之外，还应该充分发挥人类的主观能动性。人们可以根据自身的实际需求等来运用自然资源，从而达到一定的目的。在我国古代的思想家荀子的观念中，其提出了“天人相分”的思想，即“天”和“人”都是独立的个体，它们都有自身发展的客观规律，可见荀子认识到了“天”的客观性。因而荀子告诉人们，“天”即自然是客观存在的，它也有一些固有的规律，人们应该认真观察自然的各种变化和规律，从而在遵循自然的客观规律基础之上来利用自然。人可以在遵循自然规律的前提下，对自然进行选择、改造，通过人的管理使其符合人类的需要和愿望。

老子进一步提出了“以辅万物之自然”的观点，认为人在掌握自然规律的基础上，应该主动“辅助”自然，使自然更加完善、完美。协助自然培养万物的意思是把大自然的利益和人类的利益相互结合起来，从而更好地改善和优化人们居住的自然环境等，最终实现人类和大自然和谐相处。

(三)尊重动植物生长规律

我国古代的历史上出现了很多优秀且充满智慧的思想家和哲学家，他们提出了很多流传至今依然对人们产生深刻影响的思想，如儒家学派的孔子、孟子，道家学派的庄子等。通过分析这些思想家的理论观点，我们可以看到，他们把人类和动植物都摆在了十分重要的位置，他们认为人类应该尊重和保护各种动物，并尊重动物的成长规律。其实这也是一种生态哲学思想。道家的思想蕴含了丰富的生态思想，其强调人类应该顺应自然，不应该违背自然的各项客观规律，但是老子和庄子提出的观点还存在一定的差异，其中老子在其理论中提出了“无为的自然观”，而庄子则提出了“无差别的自然观”。虽然这两种自然观有一定的差异，但是其强调的是，人们在这些自然观的影响下不会破坏生态环境，因而也不会存在环境方面的问题和困扰等。众所周知，“天人合一”的思想是中国优秀传统文化的重要组成部分，我国很多专业领域的专家和学者等给予“天人合一”的思想高度评价。总之，人类不能违背自然的客观发展规律，人类要在遵循自然规律的基础上认识大自然、开发大自然。这种“天人合一”的思想也是我国古代生态文明的核心思想。

中国传统生态文化思想之所以如此受到中外学者的推崇，与其内容的博大精深以及它对当代生态思想文化的影响力是分不开的。

三、尊重生命和热爱生命的绿色思想

(一)尊重生命

随着儒家思想的发展和完善，到了我国的宋代，“天人合一”的思想变得越来越丰富。到了宋代，当时的很多思想家把墨家的“兼爱”思想和道家的“泛爱万物”思想融入了儒家的“天人合一”思想中，从而赋予“天人合一”思想更加丰富的内涵。这种思想观点强调，人类应该和大自然平等地相处，人类应该尊重、爱护和保护其他的自然界生命。后来著名的程朱学派的学者(如程颢和朱熹等)又在前人研究的基础之上丰富了“天人合一”的思想，他们提出了“仁者以天地万物为一体”的观点，这种思想强调了人类应该尊重每个生命。

总之，在我国古代很多思想家的观念中，自然界的万物都是客观存在的，它们的产生、发展以及消亡等都遵循一定的客观规律。而且这种变化是无止境的。人们只有尊重自然、敬畏自然，才能够更好地认识自然，从而利用自然。

中国古代思想家把“仁”等社会伦理观念扩展到人对自然现象与生物的伦

理，强调要以仁爱之心对待自然。曾子引述孔子的话说："树木以时伐焉，禽兽以时杀焉。"孔子说："断一树，杀一兽，不以其时，非孝也。"(《礼记·祭义》)我国夏代制定的古训："春三月，山林不登斧斤，以成草木之长""川泽不入网罟，以成鱼鳖之长。"孔子正是依据这一古训，把"仁民"扩展到了"爱物"，认为不以其时伐树，或不按规定打猎是不仁的行为。汉朝董仲舒说："质于爱民，以下至鸟兽昆虫无不爱。"(《春秋繁露·仁义法》)儒学发展至此，可以说完成了"仁"从"爱人"到"爱物"的转变。之后历朝历代，这种仁民爱物的生态伦理思维从未中断。

上述这些尊重自然、热爱自然的思想，体现了中国古代文化中的生态思想，对现代生态文化建设也有积极意义。

自20世纪后半叶起，人们看到了生态保护的重要性，各国纷纷设立禁渔期，以使各类海洋生物得到休整、繁衍、发展、壮大。其成果虽已初见端倪，但人类与各类生物实现共同可持续发展的道路依然任重而道远。

(二)保护生物多样性

"和合"二字最早见于甲骨文、金文，表示和谐。和合是中国文化的精髓，也是被各家各派所认同的普遍原则。"和合"作为中国古代哲学的重要概念，不仅指和谐，还包含了极为丰富的生态智慧。西周末年的史伯将其发展为"和实生物"的思想。他说："夫和实生物，同则不继。以他平他谓之和，故能丰长而物生之，若以同稗同，尽乃弃矣。"(《国语·郑语》)这里史伯指出，多样的事物相互融合，就能达到多样性的统一，世间万物就能生生不息，繁荣昌盛；如果所有的事物都具有相同的特征，那么不同的事物之间就没有了差异，这就无法表现多样性，这也十分不利于新鲜事物的产生和发展。

孔子指出："君子和而不同，小人同而不和。"(《论语·子路》)主张多样的同一，反对无差别的同一。这种"和而不同"的观点，不仅有助于我们认识生物的多样性，保护生物的多样性，实现人类与宇宙间万物和谐共生，永续发展，而且先哲的智慧也被当代人用于国际交往，成为我国在处理不同意识形态国家间相互关系的基本准则。这种观点对于世界各国不同民族、种族的人们之间的和谐共生、永续发展具有十分积极的意义。

古人不仅认识到了"和而不同"的重要意义，而且还把"和合"的理论应用于生产实践，用于指导实践。种粮食时，“必杂五种，以备灾害”(《汉书·食货志》)，深刻地指出了保持生物多样的重要性。因为通过种植种类较多的农作物，可以避免由于一种农作物歉收而带来的损失。如果人们只种植了单一的农作物，而这种农作物恰巧没有取得丰收，这将会严重地影响人们的收成。千百年来的生产实践也证明，地球上人和所有生灵的多样性是持续生存的条件。一片森林如果只有一种树，则会造成严重的虫害。这一点，在新中国的林业生产中就有过严重的教训。比如人们只顾经济效益，没有考虑到生物的多样性，在大小兴安岭种植了大片的落叶松、红松。结果导致了大量病虫害的发生，松毛虫等虫害几乎将人们辛勤的劳动成果化为乌有。大自然在惩罚人类的同时，也在不断告诫人类，只有保持生物的多样性，才能实现可持续发展。树木如此，其他万事万物，包括人类自身也是如此。

(三)实现可持续发展

中国古代哲人在资源的永续利用、生态系统的良性循环等方面，很有见地。如《孟子·梁惠王上》有言：“不违农时，谷不可胜食也。数罟不入洿池，鱼鳖不可胜食也。斧斤以时入山林，材木不可胜用也。”意思是说，如果细密的渔网不到大的池沼里去捕鱼，那鱼类会吃不完；如果砍伐树木有限定的时间，木材也会用不尽了。通过上述分析可知，孟子的很多思想都在强调可持续发展，人类在利用自然资源时应该考虑资源的利用效率，尽可能循环使用有用的自然资源，实现资源利用的可持续发展。

在孔子的思想中，他同样强调人类不应该无限度地利用自然资源，应该学会保护自然界的各种生物资源。当时人们已逐步意识到，人类要生存发展，就要保护自然资源，维护生态环境，这是早期可贵的可持续发展思想。

第四节　绿色发展是生态系统性的要求

一、整体性是生态系统的客观性质

绿色发展体现在很多层面，如绿色的经济发展、绿色的政治发展以及绿色的文化发展等，然而绿色发展的实现有一个重要的前提条件，那就是人们在追求绿色发展的过程中一定要遵循生态系统的整体性原则。生态系统是一个十分复杂的系统，这也是大自然造就的平衡系统，在这个系统中有各种各样的生物群体，这些生物个体之间相互发生作用，同时它们也与周围的环境相互作用，从而构成了一个动态的整体。生态系统具有整体性，其中的每个要素都是不可或缺的重要组成部分。生态系统是一个完整的系统，因而人类破坏了生态系统的任何环节都会破坏整个生态系统的平衡，这种危害和影响是十分严重的。人们通过研究生态系统的整体性可以发现，在生态学领域中，研究生态学的方法变得更加科学、客观，人们不再局限于固定的思维模式来思考问题，也不再片面、形而上学地分析和研究问题，而是善于从整体、宏观的视角来分析和探讨问题。从生态学的视角进行分析我们可以发现，人类社会其实也是生态系统中的一部分，因而人类创造的文明和大自然有着千丝万缕的联系。这也对人类的生产和发展提出了较高的要求，即人类在发展自身农业、工业等产业的同时应该遵循生态系统整体性的原则，从而使人类能够和大自然和谐相处。总而言之，生态系统的整体性通常体现在如下两个不同的层面：第一，一个完整的生态系统中往往包含多种不同的物种，这些物种之间通过食物链产生联系并保持着生态的平衡；第二，每个生物个体都和周围的环境之间发生相互作用，从而维持着能量以及物质的稳定。由此可见，在生态系统里面，人类是重要的组成部分，人类文明的发展和进步依赖于生态系统，因而人类应该从更加宏观的角度来认识生态系统。[①]

二、循环性是生态系统的重要特质

众所周知，生态系统之中包含着很多不同的要素，这些要素也是一直处于一种动态的平衡之中，这些要素之间、要素与环境之间不停地进行交换着有用的信息、能量和物质等，从而使整个生态系统能够从整体上保持一种良性的循环状态。由此可见，生态系统的重要特质就是它具有循环性。生态系统的循环性特征也为人类文明的发展提供了较好的参考。人类文明的进步和发展是一个长期过程，它依赖于大自然，因而人类应该不断优化生产方式，从而使生产也能够和环境保持良性的循环，最终推动人类社会的发展。如果人类在发展的过程中不遵循生态系统的循环性原则，大肆地破坏生态环境，严重地损害生态系统的、物质循环以及信息循环等，这将会产生十分严重的后果，甚至可能会毁掉人类的文明。据考古学者考证，楼兰古国消失的原因有很大可能是生态环境遭到破坏。到通过上述分析可知，在人类文明的发展中，人类应该尊重和爱护大自然，体现生态系统的循环性，促进各项资源的循环利用，提升利用的效率。

三、生态阈限规律是生态系统的稳定内核

生态系统对应的英文单词是“ecosystem”，它主要是指在大自然的某个空间里面，该空间中的生物和它们周围的环境逐渐构成了一个统一的整体，这也是一种相对比较稳定的平衡状态。需要强调的是，生态系统并不是一成不变的，当生态系统中的某些因素发生变化时，生态系统就会进行自我调节和恢复，其具有一定的自我恢复功能，从而使生态系统始终保持一种相对稳定的状态。在生态系统中一直存在着物质的输入与输出以及能量的输入与输出等，因而要想保持相对稳定就要求生态系统必须具备一定的弹性，但是这种弹性是有一定的范围限制的。在这个弹性范围内，如果生态系统的某个因素发生了变化，整个系统就会进行相应的调节，从而使系统恢复平衡的状态。

---

① 郝栋. 绿色发展道路的哲学探析[D]. 北京：中共中央党校，2012.

但是如果生态系统的因素变化超过了这个弹性变化的范围，生态系统就会被严重地破坏，而且难以迅速恢复和调节。可见上述生态系统形成的那个平衡状态就是生态系统的阈限。所以，人类在开发大自然的过程中一定要遵循生态阈限规律，否则人类的这些行为就会严重地破坏大自然，破坏生态系统的平衡，这样的行为也会严重地阻碍人类文明的发展与进步。随着社会的不断发展，人类开展的各项农业活动以及工业活动等都会对生态系统产生影响，例如，在农业生产中，人们为了避免农作物受到病虫害的影响，他们会对农作物喷洒很多的农药，很多农药的毒性很大，还会严重残留到农作物里面，从而被人体以及其他生物吸收。很明显，在农业以及工业生产中，如果人们没有高度重视生态环境的平衡，那么他们的行为很有可能就会危害生态系统的平衡，从而毁掉建立起来的农业文明。又如，在工业生产中，有很多企业为了最大化其利益，无视对环境的污染和破坏，也严重地影响了其周围的生态系统平衡。对于人类而言，人类无论是在农业生产中还是在工业生产中都应该遵循大自然的发展规律，应该遵循生态阈限规律，从而保护生态系统的平衡，推动可持续发展。

人类在开发和利用自然的过程中要时刻遵循生态整体和谐原则，即人类要正确地处理好人与自然的关系，清晰地定位人类和自然的角色，这样才能够使人类的命运紧密地和大自然联系在一起。对于人类而言，其想要取得发展是毋庸置疑的，但是人类一定要把握好发展的程度，人类不能只盲目地追求眼前的经济利益而忽视生态环境，人类应该把目光放的长远一些，这样才有利于实现人类社会的可持续发展。

四、绿色发展理念蕴含的生态系统思想逻辑研究

(一)绿色发展理念蕴含于生态系统的逻辑起点

1. 自然界是人的无机的身体

众所周知，大自然为人类的生存和发展提供了丰富的物质基础，因而从这个层面进行分析，大自然是人类无机身体的重要组成部分。也就是说，人类的生存和发展等都必须依赖于大自然，人类没有办法脱离大自然而单独存在。对于人类而言，其要在社会中生存和发展就必须付出相应的劳动，从而

积极地参与各项生产实践活动，这样人类才能够依托大自然，通过自己双手的劳动获得相应的报酬。人类在大自然中主要开展如下两种形式的生产活动：第一种是物质资料的生产，第二种是人类自身的生产。众所周知，人类是相对比较脆弱的群体，人类的生存和繁衍需要很多基本的物质条件，如阳光、空气和水等，这些基本的物质条件都需要大自然提供，因而人类应该对大自然充满敬畏之心，应该合理地开发和利用大自然中的资源，从而使人类的下一代也能够更好地享受大自然带给人类的各项便利。大自然蕴含丰富的物质资源，人类除了直接从大自然中获取需要的各项有用资源之外，也会制造一定的劳动工具，从而更加高效地开发自然，从大自然中获得自身所需的各项物质资源。总之，人类为了提升生活的质量，他们会不断创新和优化劳动工具，在这个过程中，人类也会积累大量的经验，这些经验是非常宝贵的，是人类探索和利用大自然的智慧结晶。①

2. 人与自然界是一个生命共同体

人和动物一样都是有生命的个体，都是大自然的一部分，可见人类和大自然紧密地联系在一起，是有机的统一体。在最初的时候，人类还不是很了解大自然，因而人类在大自然中十分艰难地生存着，随着人类探索大自然实践活动的增多，人类开始逐步掌握一定的大自然的客观变化规律，这样人类就能够在遵循这些客观规律的基础上开发自然资源，从而为人类的生存提供基本的物质保障。火的发现是人类进步的重要标志，火也大大地改变了当时人们的生活方式，自从有了火之后，人们就学会了运用火来做熟食，人们也能够喝烧开的水，这样可以杀死很多细菌，降低了人们生病的风险。同时人们可以在夜晚的时候运用火苗照亮周围的环境，可以在寒冷的季节运用火苗取暖，甚至还可以运用火苗来驱赶具有一定攻击性的野生动物等。可见在自然界的进化中，火的出现和运用具有重要的价值和意义，这也是人类文明产生的重要基础。从那之后人类渐渐地进入了农业文明的发展时期，然而在人类文明的发展过程中，人类犯了很多严重的错误，如人们无节制地大规模破

① 阎喜凤，胡小明. 绿色发展理念蕴含环境伦理思想的逻辑研究[J]. 理论探讨，2020(1)：76—82.

坏森林等，人类也为这些极端的行为付出了惨重的代价。所以人们应该清晰地认识到，人类和大自然是一个生命的共同体，人类必须尊重大自然、科学合理地开发大自然，才能促进人类和大自然共同发展。

3. 人与自然的和谐共生以尊重自然为前提

现在我国步入了新的发展时期，这就要求现代人应该重新审视人类与自然之间的关系，从而科学地处理好人类与自然之间的关系，并最大程度地发挥大自然的价值。在人类文明的发展中，人类应该摆正自己的位置，摒弃很多传统、错误的思想，如人类是大自然的主宰者等，这样人类才会从全新、平等的视角来探讨人类与自然的关系问题。在自然界中，人类应该和其他生物和谐相处，人类不应该产生优越感，从而任意地选择和剥夺其他生物的生存权利。实际上，人类在开发自然资源前应该把尊重自然牢记在心中，从而尊重自然界的每个生命。人们在开发利用自然时应该把目光放得长远一些，不要只看到眼前的蝇头小利就去肆意地破坏自然，违背自然的客观规律。总之，尊重自然是人类与自然和谐相处的重要基础，人类不仅要把这种理念记在头脑中，还要在实际的行动中真正做到尊重自然。

(二)绿色发展理念蕴含于生态系统的逻辑主线

1. “物的尺度”与“人的尺度”的内在统一

其实我国提出的绿色发展理念的重要来源之一就是马克思主义的生态哲学思想。我国相关的专家和学者在研究马克思的生态哲学思想基础之上，结合我国的实际发展情况提出了绿色发展的理念，可见绿色发展的理念实际上和马克思主义的理论是保持高度一致的。在绿色发展的理念中，其坚持的价值观就是以人为本的思想，强调了人类在发展的过程中要高度重视绿色发展的理念，即相关部门的政绩考核不应该仅仅盯着 GDP 数量的变化，而是应该重视绿色发展的质量，即在确保绿色发展质量的前提下去提升 GDP。由此可见，绿色发展理念倡导人们采用科学正确的方式来促进经济的发展，而不是以牺牲局部的生态环境为代价来促进经济的增长。那样的增长方式有很多的弊端，极其容易破坏生态系统的平衡，从而带来不可估量的负面影响。

绿色发展理念所倡导的发展模式会综合考虑各种影响因素，协调各种因素的影响，而不是以消耗环境来获取经济的发展，因而绿色发展理念下实现的经济发展是一种可持续的良性经济发展，是一种值得推广的经济发展形式。在绿色发展理念提出来之前，人们大多数在生产和生活中采用我国比较传统的发展理念，即人们采取一切行动都是以“人的尺度”为主要的参考标准，即人们在发展的过程中更加关注和注重自身的价值实现以及自身的利益，而没有充分考虑和关注大自然的价值以及大自然存在的发展规律。可见在人们传统的发展理念里面，“人的尺度”是重要且唯一的标准。通常情况下，以“人的尺度”为标准就会出现如下一种情况，即人类在与大自然的相处中总是把自身的欲望以及利益等当作中心，人类没有足够重视和尊重大自然，更没有在生产和发展的实践中遵循大自然的客观发展规律，这导致了很多矛盾问题的出现。实际上，人类在生产和发展的实践中不应该仅仅遵循“人的尺度”，还应该充分地考虑“物的尺度”所产生的影响，从而实现“人的尺度”与“物的尺度”的内在统一。所谓“物的尺度”就是要求人类在处理与大自然的关系时能够充分认识并尊重大自然的客观规律以及价值，从而使大自然能够发挥其最大的价值。在绿色发展理念的指引下，人类应该充分认识“物的尺度”的重要价值和意义，从而更好地开发和利用自然资源，促进社会平稳的发展和进步。

2.“自然的权利”与“人的权利”的有机统一

在人类出现之前，地球就已经形成了很多年，而且地球上面已经孕育了很多生命，已经有了稳定的自然生态系统。因而人类的各种变化，无论是人类的产生以及进化，还是人类社会的形成与发展等都与自然生态系统有着紧密的联系，人类的各种活动都是在自然环境中进行的。可见人类与自然界之间有着天然的联系，这种联系不可分割，人类和自然界之间是有机的统一体。具体分析而言，自然界孕育了人类的生命，并使人类的生命开始渐渐地有了自身的意识，同样地，当人类开始有自身的意识之后，就开始意识到自己与其他的生物之间存在一定的差异，而且人类的这种意识也使得人们可以从更加宏观的层面来分析和认识大自然，从而赋予大自然一定的价值。

总而言之，人的价值以及自然的价值二者是一个统一体，联系十分紧密。在人类的社会生产实践中，人类通常通过开发和支配自然界来实现自身的价值，然而人类往往会忽略自然开发的客观规律，从而超出了自然界的环境承受能力，因而人类在实现自身价值的同时应该赋予自然一定的权益，运用权益让渡的方式来维护和实现人类自身的价值。在这种情况下，人类应该从全新的视角审视人类与大自然的关系，从而不仅实现人类的权益，更能够实现大自然的权益，即人类在生产实践中要追求“自然的权利”与“人的权利”的有机统一。

3. “绿水青山”与“金山银山”的辩证统一

在现代社会的发展中，人类社会发展始终面临着两个重要的要素，那就是发展一个国家的经济与保护国家的环境这两个要素，这两个要素联系紧密，是有机的统一体，因而人类社会在发展的过程中必须妥善处理好二者之间的关系，这样才能够既促进环境的可持续发展，又促进经济的发展，实现双赢的局面。为了更好地处理环境保护与经济发展的关系，我国提出了绿色发展的理念，这也促使人们从更深的角度来分析和研究绿色生态的价值和意义，从而促使人们在发展经济的实践中会充分考虑经济发展对环境的影响，并采取一定的措施来降低经济发展对环境的破坏和影响，从而保护环境。总之，人类在实践中应该充分认识到“绿水青山”和“金山银山”这二者之间存在辩证统一的关系。

对于人类而言，在具体的社会生产实践中，人们应该积极地建立有利于促进环境保护的行业，这样的行业会对生态环境产生较少的破坏，因而这些行业可以获得健康可持续的发展。随着人们物质生活水平的提升，越来越多的人开始关注自己是否吃得健康，因而很多人在日常的消费中更加倾向于购买具有绿色产品标志的产品，尤其是食品，可见绿色产品的观点已经深入大众的心中，人们愿意花费更多的钱去购买绿色产品。我国的相关部门应该积极地推进绿色产业的发展，从而在实践中积极地贯彻和落实国家制定的绿色发展理念。其实，绿色发展理念应该对人们的思想产生深刻的影响，每个大众都应在头脑中牢记绿色发展的思想，每个大众都应在工作和生活中用绿色发展理念来约束自身的行为，尽量不要做出破坏生态环境以及生态平衡的行为。对于企业而言，企业也应该用这种理念来约束企业的各种操作，要求企业不要向生态环境排放大量的污染物，不要将未经处理的有毒有害物质直接排入生态环境中，破坏生态的平衡。总而言之，人类社会要取得发展，人类的文明要想不断向前推进，这些都需要社会不断地发展经济。而绿水青山对于人类发展也十分重要，这是人类赖以生存的重要环境，人类的生存和发展也离不开绿水青山。所以在现代人的观点中人们坚信，绿水青山也是人类发展的一笔重要财富，这也要求人们在处理人与自然之间的关系时能够合理地处理“绿树青山”和“金山银山”之间的关系。实际上，这二者之间是一种辩证统一的关系，人们不仅要意识到“金山银山”的价值，还应该充分意识到“绿水青山”的价值，使社会中的每个成员在发展社会经济的过程中都能够自觉地保护身边的生态环境，从“小我”做起，从而促进社会发展。

(三)新时代绿色发展理念蕴含于生态系统的逻辑归宿

在新的发展时代，人类应该正确审视自身与自然之间的关系，从而使人类能够和大自然和谐相处，这也为人类社会的健康发展奠定了重要的基础。在现代社会，人们追求的发展目标就是实现个体自由而全面的发展，人类这种发展目标的实现需要一定的条件，那就是人类要处理好与自然之间的关系，从而使人们之间能够更加和谐地相处，使人类社会的经济能够获得平稳的发展。

1. 新时代人自由全面发展的核心是人与自然关系的真正和解

从本质的层面进行分析，人类自由而全面的发展实际上就是要求人类个体应该正确地处理好人类与自然之间的关系，即人类与自然之间和谐相处。

目前，随着人类社会的进步，人类发明了很多先进的技术，这些先进的科学技术也对人类社会的进步和发展产生了较大的影响。有了先进的科学技术，人类才能够运用更加合理的方式开发自然，推进人与自然关系的升华。然而目前社会中有一部分的人认为，人类拥有了先进的科学技术就可以完全处理好人与自然之间的关系问题，实际上，这种理解是片面的。对于人类社会的发展而言，只有充分认识到人类自身的本质以及问题，人们才能够更好地处理人与自然之间的关系，这不是拥有先进的技术就可以解决的问题。

2. 新时代人自由全面发展的本质是人与人利益关系的道德调整

从更加深层次的角度进行分析，人们探讨人与自然之间的关系更多的是考量社会中人与人之间的关系，换句话进行分析，那就是考量这个社会中不同个体之间的利益分配问题。由于在人类社会中，人们做的工作不同，即人们的分工之间存在较大的差异，因而人们的利益分配之间也会存在较大的差异，这就可能会出现利益分配不公平的现象。

在绿色发展理念中，人们十分重视的模块就是发展的问题。从本质上进行分析，所谓发展的问题其实就是讨论人类应该采用什么样的视角来分析和认识大自然的价值观，这样人类才能够决定采用什么样的方式和态度来看待大自然，从而确立人类与大自然的关系。目前，人类在处理二者之间的关系时遇到了一些难以解决的问题，这就需要人类转变现有的价值观念，从而走绿色经济的发展道路。在绿色发展中，人类必须要认识到绿色发展的本质和核心，那就是资本的自我扬弃。

在现代社会之中，人类社会发展十分迅速，这也使人与人之间的关系变得十分复杂，不同的人与人之间存在着错综复杂的关系，尤其是利益方面的关系。这就需要人们采取一定的措施来调整人与人之间的利益关系，从而促进社会的稳定发展。在人类社会中，人们可以运用法律制度等来约束人们的行为，也可以运用伦理道德等来约束人们的行为，从而使行为更加规范，并有利于促进社会的稳定。总之，我们必须要逐渐转变经济的增长模式，必须要转变人们的生活方式，从而推动绿色经济的发展。

第二章　生态文明

生态文明，是人与自然和谐发展的进步状态，既有人对于动物、植物的友善情感，又包括人类对于空气、水资源等无生命之物的爱惜、节约的态度。爱物惜生是中华文化几千年的传统，也一直是中西圣哲的教诲。善待自然，人类才有未来。本章对生态文明基础知识进行了解读与总结。

第一节　生态文明的提出

一、生态文明提出的大背景

从人类创造和使用工具开始，人类便进入了文明时代。在早期的原始文明和农业文明时期，人和自然一直处于和谐共生的关系中，人类对自然生态的破坏和影响微乎其微。

18 世纪，英国工业革命开启了人类现代化的生产生活。在此之后的近 300 年的工业文明缔造进程中，人类的发展几乎到了日新月异的程度，人类对自然环境的开发和利用达到了前所未有的规模。但是工业文明对生态环境的负面影响也是巨大的。与采集狩猎文明时期以及农业文明时期不同的是，工业文明时期人类面临的不仅是“源”的问题，更重要的是“汇”的问题[①]。首先是“源”的问题，工业的机理是从自然界索取原料，生产出人类需要的产品。由于开发自然强度大，工业带来能源问题与资源问题，即能源与资源耗尽，补给跟不上。其次是“汇”的问题，人类开发自然资源并生产产品后，向大气、水体排出污染物，污染生态环境。而且，与采集狩猎文明以及农业文明产生的废弃物不同的是，工业污染物是复杂的“合成物”，大多难以分解而且对人体有害，给生态系统造成影响，给人的健康带来伤害。当然“源”与“汇”二者是相辅相成的。由于“源”的力度太大，导致“汇”的问题严重。尤其是工业革命开始后的一段时间，由于技术落后以及管理欠缺，“汇”的问题更为严重，甚至可以用“触目惊心”来形容。

在社会化大生产的工业文明时代中，人口激增，资源透支，对生态环境造成了严重威胁，大气、水资源和土地资源等的污染和破坏导致的一系列的问题逐渐显现，全球性的生态灾难正在逐步侵蚀我们的生活：全球气候变暖、臭氧层破坏、酸雨蔓延、能源和资源濒临枯竭、生物多样性减少等。

二、社会主义生态文明提出的背景

改革开放带给现代中国的最大和最显著的成绩就是经济总量大幅度提高，人民生活水平也得到很大改善。然而，经济高速增长的同时也导致人与自然矛盾的不断加剧，有限的资源已经愈发不能满足人们不断增长的物质文化需求，更为严重的是，改革开放以来所取得的经济快速增长的成就在很大程度上是伴随着生态资源的极大消耗，至今已成为制约我国迈向全面建成小康社会的最大瓶颈。

(一)社会主义生态文明提出的生态背景

人类的生存发展需要良好生态环境的支撑，同样，经济社会事业的进步也要以此为基础不断向前推进。经济增长的同时也带来了诸多生态问题，这主要表现为以下几点。

第一，土地荒漠化。近年来，我国经济发展对木材的需求量持续增加，

① 宋言奇．苏州生态文明建设理论与实践[M]．苏州：苏州大学出版社，2015：10．

导致大片森林被砍伐，依靠树木固水的土地蓄水功能丧失殆尽，土地逐渐呈现荒漠化态势，诸多城市和乡村都受到不同程度的威胁，如京津地区、西北地区等。其带来的次生灾害，如沙尘暴等给人类带来了二次伤害。

第二，水资源的短缺和污染。虽然我国拥有世界上第六大的淡水总量，但过于庞大的人口基数使得我国人均水资源占有量不及世界平均水平的25%，这成为制约我国经济社会可持续发展的一大障碍。更为严重的是，我国也是世界上水污染程度较高的国家之一。

第三，大气污染问题。我国的能源结构是以石油和煤炭为主，这会给全国各地的空气带来的较大的污染，空气质量持续下降使得人民群众的身体健康受到很大威胁，进而影响经济发展的可持续性。

（二）社会主义生态文明提出的政治背景

社会主义民主政治的发展不断推动着社会主义生态文明建设。中华人民共和国成立后，以毛泽东为核心的党的第一代领导集体提出实现"四个现代化"的奋斗目标，其中农业现代化目标就已萌发着生态良好的价值追求；党的十一届三中全会后，邓小平准确把握了我国及世界发展趋势，提出了"建设中国特色社会主义"的概念，归纳出"富强、民主、文明"的核心价值理念，这其中蕴含着社会主义生态文明的内涵；作为党的第三代领导集体核心的江泽民同志则在邓小平理论的基础上进一步提出"社会主义初级阶段的基本纲领"，归纳统筹"三个文明"发展理念，这为社会主义生态文明的提出奠定了理念基础；党的十七大，胡锦涛同志首次明确提出"生态文明"概念，将中国特色社会主义理论扩展为政治、经济、文化、社会、生态"五位一体"的发展模式；2014年以来，以习近平同志为核心的党的新一届领导集体依据我国经济社会最新变化而提出的关于社会主义生态文明建设的新思想，加深了对人与自然正确关系的认识，并将社会主义生态文明建设提高到一个前所未有的高度。

（三）社会主义生态文明提出的文化背景

五千年的中华文明不仅包括了政治经济文化观，具有东方文化式的生态观也是其中重要组成部分，即"天人合一"的自然观。改革开放以来，党和政府历来重视社会主义生态文明建设，逐渐形成了具有中国特色的生态文化，并通过方针政策等形式表现出来。

总之，社会主义生态文明是在社会主义制度框架内肇始于邓小平理论、以科学发展观为思想立足点、从社会经济发展历程中总结出的有关生态问题理论与实践。对社会主义生态文明的理解，既要从经济全球化的国际视角来展开，更要基于我国处于社会主义初级阶段基本国情所独具的政治、经济、文化等多层次的背景，这充分体现了社会主义的本质属性。

三、生态文明提出的意义分析

(一)生态文明代表了未来文明形态的发展趋势

今天，人类文明形态演进具有不可逆转性。人类历史总表现为一种新的文明形态取代旧的、落后的、不适应时代发展要求的文明形态的过程。人类在经历了原始文明、农业文明、工业文明后已逐渐步入后工业化时代，过度工业化导致自然资源的大幅度减少，我国在经济增长过程中也面临着日益严重的生态威胁。对此，生态文明深刻地反思了以往文明形态，尤其是工业文明所给世界带来的生态危机，将马克思恩格斯生态文明思想与中国传统生态思想有机结合起来，总结了中华人民共和国成立以来的正反两方面经验教训，提出了包括“两型社会”在内的诸多理论，这已被实践证明是既符合我国基本国情也符合人类文明发展趋势的经验总结，代表了未来文明形态的发展趋势。

(二)生态文明建设为其他文明建设提供了必要条件

中国特色社会主义伟大事业集合了政治、精神、物质、生态四方面的内容。其中，生态文明是其他文明建设的必要条件。

首先，物质文明来源于生态文明。建设社会主义物质文明所需要的资料来源于自然，因此实现二者可持续发展的关键是有限度地从自然中索取资源。

其次，生态文明是社会主义精神文明建设的重要层面。社会主义精神文明建设注重广义上的“和谐发展”，生态文明所强调的人与自然协调发展则是社会主义精神建设的重要组成部分，人与自然的和谐发展关乎经济社会与自然环境的协调发展，二者是相互统一的有机整体。

再者，社会主义政治文明进步体现在生态文明建设之中。社会主义民主政治的执政理念也包含生态文明思想，生态文明责任意识通过社会主义民主政治组织形式表达出来并不断制度化，这在为生态文明建设提供政治保障的同时也极大地推进了社会主义政治文明建设进程。

最后，生态文明为全球生态思考树立了榜样。生态文明通过“两型社会”“科学发展观”“可持续发展”等理念对我国政治、经济、文化等方面进行了全面深刻的解读，这种理念的提出对我国乃至世界上其他国家都有重要的价值和意义。对于中国而言，我国的相关部门可以在这种理念的指引下开展生态文明建设。对于世界上的其他国家而言，它们在建设本国的生态文明时也可以充分借鉴和参考我国的发展理念，从中吸收有价值的部分，从而促进本国的生态文明建设。总之，我国提出的生态文明建设理念具有更强的包容性和典型性，有利于推动全球的生态文明发展。

总之，生态文明作为一种超物质主义的文明形态，不仅代表了人类对未来美好社会的向往，而且也代表了人类未来社会的发展方向。生态文明以社会形态为切入点，融合公平正义、可持续发展、社会道德等价值观的要求，展现了社会主义与生态文明的内在关联，必然能够引领中华民族乃至世界文明走向光明的未来。

第二节　生态文明的内涵与特点

一、生态文明的内涵

(一)生态文明的概念

所谓生态，其指的是不同的生物个体之间以及生物个体之中存在和保持的一种相对稳定的状态，即自然的生态状态，其通常包含多种不同的因素，如空气、土壤、水分以及生物等。此外，每个相对稳定的自然生态也会存在比较客观的自然规律。随着人类的发展，人类渐渐地通过自己的方式认识了上述的自然规律，不过人类对自然生态的改变有一定的限度，这就慢慢地形成了人类的文明。实际上，文明能够显著地体现人类社会的发展程度，它也能够从一定的程度上体现国家以及某个地区的经济等发展水平。

目前，我国有很多专家以及学者都在深入研究和探讨生态文明，他们根据自身的经验和理解等提出了若干个有关生态文明的定义，经过总结，我们从广义和狭义这两个不同的视角来分析“生态文明”的定义。

“生态文明”的狭义定义是：人类采用相对比较文明的方式和态度来处理人与自然之间的关系，从而使生态保持相对的稳定和安全。

“生态文明”的广义定义是：人类更加科学地认识和探究大自然，人类在充分尊重大自然的基础之上合理地开发大自然中存在的资源等，从而使大自然更好地为人类的生存和发展提供必要的条件。在人类与大自然和谐相处的过程中，人类所取得的一切文明成果的综合就是广义的生态文明。

通过上述分析可知，学者们定义的狭义的“生态文明”的概念关注的重点就是人类与大自然之间的关系，而学者们定义的广义的“生态文明”的概念关注的重点比较多，它不仅关注人与自然之间的关系，还关注人与社会中其他个体之间的关系等。

(二)生态文明的含义解释

1. 从词源学意义上来看

从词源学的意义层面进行分析，生态文明就是指人们要采用更加文明的方式来开发自然，而不能再采用十分粗暴且不考虑后果的方式来开发资源，从而使社会中的每个个体都能够树立生态环境保护的意识，使人们逐渐意识到保护生态环境的意义和价值等。

2. 从社会形态建构意义上来看

从社会形态建构意义上来看，人们可以从如下几个不同的层面来分析生态文明。

第一个层面，从文化价值观的层面进行分析，人们应该正确地分析和看待大自然，人们在分析和探索大自然的价值时应该遵循其客观存在的规律，从而制定相应的价值规范以及目标，使大众在潜移默化中渐渐地形成生态意识，并加强这种意识对大众的影响。

第二个层面，从生产方式的层面进行分析，人们要逐步转变以往的生产方式。在我国以往的工业生产中，人们常用的生产方式会对环境造成较大的污染，因而人们要转变生产方式，大力发展有利于生态保护的行业，从而促进生态经济的发展。在具体的生产实践中，人们可以把先进的生态技术融入工农业的生产之中，不断从技术层面优化传统的产业，逐步构建生态产业体系，提升环境保护的质量，节约地球有限的资源等，从而促进经济发展。

第三个层面，从生活方式的层面进行分析，我们要倡导科学消费、合理消费、适度消费，坚决反对奢侈消费，由于很多人以前的生活条件比较苦，因而人们养成了勤俭节约的生活习惯，这对现代人也能够产生很多积极的影响，我们也应该把这种优良的传统一直延续下去。人们在日常生活之中应该对物质条件有限度地进行追求，不能盲目地养成奢侈浪费的生活习惯，而应该在不破坏自然环境的基础上满足自身的需求，这就要求人们应该树立科学、绿色的消费观，从而合理消费。

第四个层面，从社会的层面进行分析，我们要使社会中每个成员都能够在头脑中树立保护生态环境的意识，使人们把这种生态保护意识放到第一位，这样才能够将生态保护的意识渗透到社会的各个角落中，使社会的全体成员都能够积极地响应国家的号召，从而推动国家经济的平稳发展，并使人类更好地与自然和谐相处。此外，当我国的有关部门计划制定一些重要的决策时，其有必要请相关的经济学家以及人文领域的学者等对该重要的决策进行相应评估，从而判断其生态效益。相关部门的管理者以及决策者需要根据评估的结果来适当地调整决策，从而使决策发挥最大的经济效益和生态效益。

(三)生态文明的本质

生态文明的本质就是用较少的自然消耗和环境扰动获得较大的社会福利。

在工业社会的初期，当人造资本是限制性的稀缺因素的时候，追求经济子系统数量型增长是合理的。但是，随着经济子系统的增长，当整个生态系统从“空的世界”转变为一个“满的世界”的时候，当自然资本代替人造资本成为增长的限制性的稀缺因素的时候，经济系统就需要从数量性增长转换为质量性发展，向提高人类生活质量和福利水平的方向发展。

二、生态文明的特点

人类在不同的发展阶段有不同的文明形态，这些形态一直是处于不断变化和交替的过程中，其交替的规律就是：高级的文明形态逐渐取代较低等级的文明形态。文明形态的取代也标志着人类与自然之间的关系渐渐地发生了一定的改变，从而产生了新的关系。总而言之，生态文明在形成和发展的过程中会体现出一定的特征，具体包括如下几个方面：

(一)全面性

所谓全面性，具体就是指生态文明建设的对象范围十分广阔，它包括地球上面存在的整个生态系统。从本质的层面进行分析，对于一个整体的系统而言，只有整体的系统获得顺利的发展，那么构成整体系统的各个子系统才有可能获得顺利的发展，这是一个重要的基础和前提条件。人类需要清晰地认识自身，找准自己的定位，即人类并不能够统治万物，人类也仅仅是大自然的一部分，人类并不是大自然的主宰者。因而对于人类而言，其在发展的过程中不能只看到自身的利益以及价值的实现等，人类还应该看到人类的行为与整个生态系统的关系以及对其产生的影响等，这样人类才能够在统揽大局的情况下发展自身的经济，同时实现人类的价值。

(二)层次性

通常情况下，生态文明包含如下三种不同的层面，第一个层面是生态意识文明，第二个层面是生态制度文明，第三个层面是生态行为文明。每个层面包含的内容不同，其代表的内涵和意义也不同。其中生态意识文明具体就是指人们要从科学的视角来分析和探讨生态问题，并在大脑中形成正确的观念，即人们在生产和工作中要保持科学的生态意识和心理，要尊重自然，与自然平等相处。生态制度文明则是指人类社会要建立一定的生态制度，从而规范人们的行为。生态行为文明主要是指在生态意识的引领以及生态制度和规范等的约束下，人们能够规范自身的行为，使自身的生产实践活动有利于保护生态环境，能够促进社会的和谐发展。生态文明比“三个文明”高一个层次，它的次一级的层次是：制度层次的选择，政治生态文明建设；物质层次的选择，物质生态文明建设；精神层次的选择，精神生态文明建设。因而，在它的二级层次，仍然是“三个文明”：精神文明、物质文明和政治文明。

(三)持续性

生态文明的持续性强调的是，生态文明的建设要时刻紧紧地围绕着生态系统开展，同时要以社会的经济发展作为重要的对象。同时，人们在发展经济时需要充分考虑生态系统的实际承载力，从而促进社会的可持续发展。从本质上进行分析，持续发展实际上就属于生态学的研究范畴，因而生态文明具有持续性的发展特点。

（四）开放性与循环性

众所周知，自然界并不是一个密闭的系统，它具有较强的开放性，同时自然界中各个要素相互发生作用，其存在着物质的循环以及能量的循环。在生态系统内部，各个要素是客观存在的，其相互作用也遵循一定的客观规律，因而人们要正确地认识和运用这些规律，从而促进人类和自然和谐相处。由此可见，生态文明具有开放性以及循环性的特征。

第三节　生态文明的结构

一、生态文明的表层结构

（一）生态物质文明

在人类的物质生产不断获得进步、物质生活不断得到改善的情况下，生态文明成果的具体表现，也就是在人们的生产和生活中可以感觉得到的比较真实的成果，比如生态产业、人类的居住环境等。这几年来，生态文明的成果已经在社会生活的不同物质领域中都有所体现，比如绿色食品、绿色用品。

（二）生态行为文明

生态文明除了是一种思想观念体系以外，更多的是一种在社会行为中所展现出来的过程。通常来说，生态文明有其自身的主体，那就是人。在真实的生活中，生态文明主体主要包括：政府、非政府组织、公民等。生态文明的深层次结构中存在很多因素，这些因素都会对生态文明的主体行为产生一定的影响。生态文明的主体不一样，其所产生的行为的方式和行为的结果也就不一样。因为各个主体的利益是不一样的，故而，不同的主体之间就会产生不同的矛盾，怎样对不同的主体之间的矛盾进行有效的协调，这一点是开展生态文明建设的重要基础。

（三）生态制度文明

所谓的生态制度指的是把生态环境的保护和建设当作中心，对人和生态环境的关系进行调整的各种各样的规范制度的总称。生态制度文明是促进生态文明建设的重要的制度性保障，在生态环境保护制度的建设中占有非常重要的地位。但是，不能只是拥有制度规范，生态制度文明还必须具有这样几个条件：第一，制定促进生态文明不断发展的相关制度，并且这些制度性的规范是比较完善的；第二，人们普遍遵循对于环境进行保护的制度，并且保护环境的意识不断增强，了解各种各样的保护环境的规则和制度，在内心比较认同这些制度和规范，还要和违反环境保护的行为做斗争；第三，对于生态环境进行保护和建设所取得的成就应是非常显著的。

二、生态文明的深层结构

（一）生态意识

所谓的生态意识指的是对人和自然之间的关系的和谐发展进行反映的一种价值观念，可以说是现代社会人类文明不断发展的重要标志。人和自然之间的关系具有整体性和综合性的特征，生态意识是对这样一种情况的反映，我们要把自然、社会和人当作一种复合性的生态系统，对其整体性的运动规律和对于人产生的综合性的价值进行强调；以前是对单个的自然现象或者是单个的社会现象进行研究，生态意识已经对此有所突破，打破了曾经的局限性；当人在对自然进行改造的时候，要遵循地球上的生态系统的现实情况，不能只是强调人对自然无休止的统治[①]。

生态意识实际上是对生态文明的一种精神上的依赖，是人对自然的各种各样的关系和这些关系的变化的思考，涵盖的内容非常丰富，既包括生态忧患意识，也包括生态责任意识，还包括生态科学意识等。

生态忧患意识和生态责任意识实际上就是一种精神上的自觉，二者之间是相互依赖的关系。中华民族优秀的传统文化中，一个非常重要的思想就是要经常怀有忧患的意识。忧患意识就是可以清醒地对一些事情进行预见的意

① 李杰．生态思语[M]．北京：线装书局，2016：193．

识，并且是有所防范的意识，展现出来的是一种危机感、责任感。生态忧患意识通常借助于理性的思考来对经验进行总结，对人和自然之间的关系给予较为充分的肯定，并且在这种肯定中预测其中潜藏的危机，也就是主体对客观世界进行改造的一种比较强烈的责任意识和展现出来的主动性。无论是生态忧患意识，还是生态责任意识，都把生态科学意识当作基础，生态科学意识要求我们采用科学性的眼光来对自然进行审视，尊重大自然发展的规律，使用科学技术来对人和自然之间的紧张关系进行调整。

生态文明意识的普及与提高需要全社会的广泛参与，生态文明的提出是社会物质文明进步的体现。在当前经济发展中，我们仍然存在开采量比较高、消耗量比较高、排放量比较高、利用率比较低的经济发展模式，这样的发展模式产生了很多环境破坏问题，比如土地的沙漠化、水土的流失非常严重等，还造成了比较严重的环境污染问题。特别需要指出来的一点是，越是矿产资源比较丰富的地区，生态环境的破坏就越严重。现在的社会条件下，物质文明极为丰富，我们需要做的就是使人和自然能够和谐发展，既要在保护中发展，又要在发展中对其进行保护，既要发展得非常快，又要发展得非常好，这才是比较高层次上的发展。要在全社会确立这一思想和观念。

我们要在全社会积极倡导和宣传生态文明，要通过各种媒体，采取多种多样的宣传方式告诉广大民众，良好的生态环境是人们健康成长的物质条件和可靠保证，有益于人类的身心健康，可以对人的情操进行陶冶、对人的品格进行塑造，还能让人的心灵更加干净，对人的行为进行规范和约束，推动人的现代化和人类文明向更高层次进化。

(二)生态道德

所谓的生态道德，指的就是对人和人、人和社会之间的关系进行一定的调整的行为规范在自然生态领域中的一种体现，使用一定的道德规范来对人和大自然之间的关系进行一定的调整。生态道德认为，人类不能只是追求获取比较健康而富足的生存权利和发展的权利，在这个基础上，还要努力使人和自然之间的关系保持和谐，并且强调，现代人的发展要考虑后代人的发展，不能对后代人的发展产生一定的威胁。

解决生态环境问题需要人们具有高度的生态道德责任感，需要以具体的生态道德规范来约束和评价人与自然关系的一切活动。下面介绍一下生态道德规范。

1. 善待自然，保护环境

生态道德以现代生态学为其理论基础，它既是富有道德关怀的人文精神，又因其从生态学的角度看待自然而彰显其科学精神。现代生态学将地球上的一切生物和无生命的环境看成是一个相互作用的、彼此依存的有机整体。善待自然的生态道德规范要求人们以强烈的责任感和满腔热情去维护自然界的完整性、多样性和动态平衡，爱护和珍惜自然系统中各种生物种群的生存和发展，尊重生命，尤其要爱护和珍惜地球上不可再生资源。自然环境是人类和其他生命的共同家园。所谓的保护环境指的就是对地球上的比较适合生命生存的生态环境进行保护，也就是要积极促进生态系统的完整性发展，对影响人类生存和发展的各种各样的天然性和经过一定的人工改造的自然化的因素进行较为有效的保护，还要对自然资源进行较为充分和合理的利用，预防环境被污染和生态系统遭受破坏，积极促进人和自然的和谐发展，促使自然的发展对人类的进步有积极的意义，与此同时，还要使自然朝向更加繁荣、稳定的方向发展。

2. 兼顾经济发展与环境保护

这么长时间以来，人们普遍地认为，发展实际上指的就是经济的增长和科学技术的进步，并且，人们坚定地相信，经济的发展可以说是一件再正常不过的事情了。就是受到这样一种把人类当作中心的发展理念的影响，在比较长的一段历史上，人们主要追求经济的快速发展，完全忽视了生态环境的承载力，最终的结果就是，大自然给予人类一定的报复。故而，人类开始对经济发展和环境保护进行关注，这一点就是生态道德需要研究的问题。人类为了满足自身的需要，不断地对大自然进行掠夺，破坏了环境，这样的行为可以说是非常无情的，有的时候可以说是非常疯狂的，最终出现了各种各样的自然灾害。这一后果逼迫人们对经济建设和环境保护之间的关系进行思考，并且对二者之间的关系进行较为有效的处理。

我们要想对经济发展和环境保护问题进行有效的兼顾，就需要开发一条切实可行的道路，那就是坚持不懈地走可持续发展的道路。我们要想把经济发展和环境保护兼顾好，一条非常重要的要求就是可持续发展。在20世纪70年代，可持续发展观产生。到了20世纪80年代，可持续发展观形成。到了20世纪90年代，中国和世界上越来越多的国家开始接纳可持续发展观，并且把其当作自身发展的策略。这样一种策略形成和发展的过程，实际上就是人类对现代文明的发展状况和发展的道路进行反思的过程。这说明，人类社会的发展和自然的发展是一致的，就是这个原因，当人类在发展经济的时候，还必须考虑到自然环境的保护问题，促使其可持续发展。可持续发展观需要人类做到以下这样几点[①]：

(1)采取各种各样的措施来促进经济的发展，让人们摆脱贫困，尽量降低因为贫困对环境所造成的危害。

(2)要对自然资源进行充分和合理的利用，尤其需要努力寻找可以替代的资源来对不可再生资源进行替代，并且，对可再生资源的开发和利用也是要有一定限制的，应控制在其再次产生的速度范围之内。

(3)我们要在自然生态可以容纳的范围内来探究人类的需要和欲望，要想开发和利用自然资源，就必须对地区的生态系统的承受能力有所研究，确保生物的多样性可以生存的自然生态环境。

(4)我们要集中精力来对社会进行整体性的变革，促进社会、资源和环境等的全面性的发展。

3. 控制人口，适度消费

社会实践的主体是人，不论社会发生什么，这都和人有着紧密的关系。虽然人口的数量对于社会的发展具有非常重要的作用，但是，这几年来，人口的快速增长已经成为阻碍社会发展的一个不能被忽视的重大问题。如果人口不增长的话，社会就不能向前发展，但是，人口增长得太快的话，因为人类生存的空间是有限的，这就会产生一定的压力。当人口增长得非常快的时候，人口的数量会超出环境可以承载的程度，这就会给生态环境问题带来不良影响，最终对人类社会的发展也会产生副作用。人口增长太快，就会过度消耗资源环境，并导致水资源短缺等各种各样的问题的产生。所以，我们必

① 李永峰. 生态伦理学教程[M]. 哈尔滨：哈尔滨工业大学出版社，2017：30.

须促使人、社会、环境这三者之间相互协调，对人口增长的速度进行控制，进而控制人口的数量，与此同时，还要提高人口的质量。生态道德还要求进行适度消费。人类的消费活动是一个一直存在的活动，人类要想生存和发展，就需要进行消费。消费活动也在一定程度上展现了人和自然环境的关系。在现实的社会生活中，人类要想促进自身的生存发展，需要消耗不少资源，与此同时，其还会在这个过程中产生一些废弃物，这些废弃物会破坏人类生存的环境。

4. 维护国际环境公正

通常来说，生态问题都是全球性的。只有各个国家一起努力才能有效解决这一全球性的问题。因为生态问题具有全球性的特点，故而，生态道德带有全球伦理的性质。因此，我们就可以很容易地这样理解，生态道德的影响是全球范围内的，并不只是限制在某一个国家或者某一个地区范围内，其促进了我们对国际环境利益关系的有效解决。生态道德还要求环境公正。所谓的环境公正指的是，世界上的各个国家不论是贫穷还是富裕，也不论是强大还是弱小，都享有平等地利用环境的权利，也享有平等地保护环境的责任和义务。现代的生态道德要求维护国家环境的公正。要想建立比较公正合理的国际政治经济新秩序，也需要维护国际环境的公平和公正。

伴随着人们对环境保护的日益重视，“生态道德”这一名词逐渐进入人类的视野，在日常生活中规定了人类对待自然的思维、习惯和行为，反映了人对自然、对社会所应承担的责任和义务，反映出人类在保护生态环境方面的道德诉求，也从侧面反映出生态文明建设的理论内涵。简言之，生态道德为生态文明建设奠定了稳定的社会心理基础，树立了稳固的生态价值评判标准体系。

（三）生态文化

文化在一定程度上把人的本质和人的发展都展现出来了。人在创造文化的同时，文化也在影响着人。在文化之中融入生态价值观，这表明人和社会的一种新的存在方式的产生。

生态文化的含义主要包括两个方面，一个是狭义上的，一个是广义上的。狭义上的生态文化是把生态价值观当作指导、把社会意识形态当作内容的一种观念体系，是由政治思想、艺术等各种各样的意识形态所构成的。广义上的生态文化是通过各种民族的、地区的、世界的文化形态出现的，其主要展现的是人和自然和谐相处的方式、人类的物质和精神力量所能取得的成果。生态文化展现出人化的特点，具有社会化的性质，形态也是多样的，其把生态意识和生态道德有效地融合在一起。

生态文化的实质是构建一种能够影响人的行为的发展模式，把握生态的发展规律，对发展和生态环境的关系进行正确处理，从而促进生态环境的良性发展，保证经济、社会、文化可持续发展的顺利进行。具体包括以下几点。

(1)发展主体的平等性

在大自然面前，人类和其他物种一样，没有高低之分，都是生物圈中不可或缺的。在开发和利用自然资源的时候，不能以征服者的心态面对，应该遵循自然规律，尊重自然，这样才能够与自然和谐相处。

(2)发展环境的整体性

生态文化是将包括人类在内的整个自然界看作一个整体。自然界中的各个单独的物体相互联系、相互制约。在整个生态文化中，不仅要注重内部事物的联系，还要强调人的主体作用。比如，城市作为同一个整体，公众应该共同面对生态危机，并且采取行动，共同解决生态问题。

(3)发展方式的可持续性

生态文化是以尊重自然、遵循自然规律为前提的，将人类发展和生态环境相联系，用可持续发展的思想来指导人们，以达到低开采、高利用、低排放，从而实现经济效益、社会效益、生态效益共同并持续的发展。

我们要想克服生态危机，就需要进行理性的选择，这个时候，就需要关注生态意识、生态道德和生态文化，这也是开展生态文明建设的重要的动力。

生态文明的深层结构和表层结构之间有着非常密切的关系。深层结构的变化和发展对表层结构的变化和发展具有决定性的作用，所以，我们要在整个社会上牢牢树立生态文明的观念，让全社会的人们都具有生态意识，培育生态道德，并且建设生态文化，积极推进生态文明建设的发展。表层结构的变化和发展对深层结构的变化和发展具有重要影响，因此，我们要不断加强生态制度文明的建设，促使人类养成生态文明的行为，对生态物质文明的成果进行巩固和发展。我们把生态文明的结构划分为两类，这样就可以避免简单地谈论生态文明，对生态文明建设的规律进行较为有效的把握，把内在和外在有效地结合起来，各种各样的措施一起施行，从客观存在的实际情况出发，促使生态文明的建设和现代化的建设相一致。

第四节 生态文明的理论基础

一、马克思生态文明思想

(一)马克思生态文明思想内涵

马克思和恩格斯创作了不少的经典论述，在这些论述之中，都不可避免地谈到了生产力和生产关系、经济基础和上层建筑之间的关系，还对无产阶级的解放问题进行了论述。即便是这些问题都没有谈及生态，但是，在马克思的实践观和自然观等相关的论述中，多多少少都涉及了一些生态观念。

在自然观中，马克思对人和自然之间的对立统一关系进行了阐释，这说明，自然规律对人的发展具有一定的制约作用，在开展实践的时候，人们要严格遵循自然的发展规律，在这个基础上，还要把人的主观能动性有效地发挥出来。马克思主义生态观的内容非常丰富，其主要指的是把生态的运行系统的规律和各个国家的实际情况进行有效结合，从而形成具有非常显著特征的马克思主义生态观。对其本质进行分析，也就是把自然界的发展规律和不同国家的国情有效地结合起来，从而制定出展现自我特点的生态政策。具体针对中国的实际情况来说，我们要把生态的运行规律和中国的实际情况有效地结合起来，在这个基础上制定出和中国的实际相符合的马克思主义生态观。所以，整个人类社会要想实现自身的和谐发展，就需要把人和自然、人和社会、人和人之间的关系处理好，只有这样，才能正确把握马克思主义生态观的真实含义。

(二)马克思主义生态文明的特征

1. 鲜明的实践性

马克思是这样认为的，在人类开展实践的过程中，自然界产生了，并且，人类借助于一定的实践活动来对自然进行改造，这一切都表明，自然界不是抽象意义上的自然，而是客观的。马克思还认为，人和自然之间是相互联系的，并不是各自存在的。假如不存在人类的话，那么，自然界就会变得没有生机和活力，我们就认为其是抽象意义上的自然了。相同的方式，假如不存在自然界的话，我们就更不能说人类的存在了。与此同时，自然界要想真的变成现实意义上的自然界，就需要开展一定的实践性的活动。在实践活动的过程中，人类不断对自然环境进行改造，从而使改造后的自然对人的生存和发展具有积极的作用。就是在这样一次次的实践的过程中，人类慢慢地对自然界的规律有了较好的认识和把握，以此为前提，使自身对自然进行改造的能力得以提升。因此，人类在开展实践活动的过程中会把自已和自然之间的联系变得更加稳固和明显，这样既能促进人类更好地发展，还能使自然界和人类之间更加和谐地相处。所谓的实践指的就是促使自然界和人类之间产生一定的关系的这样一种活动，人类只有通过开展一系列的实践性活动，才能使自然界具有一定人化的特点，而不是只是具有抽象性。

2. 相互制约、相互依存性

自然环境和人类生存的社会之间既是相互制约的，又是相互依赖的关系。

(1)相互制约性

第一，人类在改变自然环境的同时自然环境也在改变着人类社会。众所周知，人类对自然环境的改变主要是指人类对自然环境的转变过程。在这个过程中，人类把自身的主观能动性充分地发挥出来，从而把对自己不利的环境变成对自己有利的环境，最终把人的转化目的展现出来。所谓人在环境中的变化主要指的就是环境的变化在一定程度上也会对人的发展产生一定的影响。历史上，孟母之所以三次迁徙，就是明白环境对一个人成长具有重要的影响。健康的环境对人的发展具有积极的影响，与此相反的是，环境不健康的话，会对人的发展产生非常不利的影响。

第二，在改造自然环境的过程中，人类都会在一定程度上受到自然规律的制约。自然界是一种客观的存在，其具有一定的客观性，并且不受人的意志支配。在开展实践活动的过程中，人类要把自身的主观能动性充分地发挥出来，但是，发挥主观能动性有一个基本的前提条件，那就是尊重客观存在的规律。人类必须按照自然界存在的客观规律做事情，如果违背客观规律，就会受到一定的惩罚。

(2)相互依存性

首先，自然先于人类而存在，所以是客观的。人类从猿进化成人后，通过改变自然环境使自然丰富多样，拥有了“人性”。人类也在改变自身环境的过程中改变自己。

第二，在自然界不断发展的过程中，人类社会逐渐形成并且发展起来，如果自然界不存在的话，那么，人类社会也就不会存在了。人类身上所存在的自然属性说明人是从自然界中发展而来的，和自然之间具有非常紧密的关系。

第三，人类只有从大自然中获取各种各样的生活资料才能真正生存下去。自然界提供了各种各样的必需品，以此来促进人类的生存和发展。当人刚刚出生的时候，其就是在自然中生活的，从自然中获取各种各样的生活资料。人和自然之间有着非常紧密的联系，故而，人是不可能离开自然界的，否则的话，其将难以生存下去。

3. 避免生态危机

通过对资本主义制度的分析，马克思得出结论：资本主义生产方式虽然能够促进生产力的发展和人类生活水平的提高，但另一方面也暴露了资本主义制度的弊端——资本家未能妥善处理人与自然的关系而获取高额利润，导致环境污染和生态恶化。在马克思看来，资本主义社会的生态危机不仅是由于人类没有正确处理人与自然的关系，也是由于资本主义制度自身具有不合理的地方。因此，只有改变社会制度，把新的社会制度和生态变革有效地结合起来，我们才能真正在一定程度上减少生态危机的爆发。社会主义制度可以说是一种非常先进的制度，其自身具有一定的优越性，并且能够对生态问题进行较为有效的解决。把先进的制度当作前提条件，积极采取各种各样的措施来对环境问题进行较为有效的改善，这样可以尽量避免环境出现问题。与此同时，我们可以对资本主义进行较为详细的学习和研究，从中吸取一定的教训，促使我们积极有效地解决生态危机问题。

二、生态社会主义

生态社会主义对技术理性和异化消费进行了一定的反思。生态社会主义对技术理性和异化消费进行了继承，无情地批判了资本主义的技术选择和异化的消费状态。生态社会主义者认为，随着工业文明的发展，启蒙理性单方面变成了技术理性，人逐渐失去了总体性和批判性、崇高性维度。人们的价值观念和对全面发展的追求已经被可计算可控的妄想吞噬，这也会在一定程度上计算在成本的范围之内，在最根本的意义上使自然失去主体性。与此同时，资本自我增值最本质意义上的方式就是不断扩大生产，并且消耗也较高，这样的话，就会使促使人们进行具有符号性的异化消费。整个世界正在从生产型社会向消费型社会转变，人们不再追求创造性劳动带来的快乐，而是享受物质生活带来的虚假快感，沉迷于外在的事物之中。这些都促使生态危机日渐加剧。我们可以这么说，只要存在生态问题，技术理性和异化消费就会一直存在。生态学主张回归人的总体性，建立基于人的真实需求的消费观。

生态社会主义对资本主义制度进行了较为认真的反思。要想实现利润，资本主义政治制度是其制度性的工具，其必须为资本主义的生产服务。其最根本的目的就是促进利润的实现，这必然导致在国内外建立资本权利关系体系。要想从最根本上对生态问题进行较为有效的解决，生态社会主义者主张建立一种政治制度，那就是基层民主、意识形态具有多元性，权利和资源都比较分散等。早些时候的生态社会主义主张使用非暴力来对资本主义政治进行干预，后来发展得比较成熟的生态社会主义主张使用革命来对资本主义制度进行改变。他们反对超级大国的经济垄断、核试验和生态殖民，主张建立国家间的平等伙伴关系。最明显的想法是反对现代意义上的民族国家，建立生态保护社会区划来取代传统的民族国家。

三、生态系统理论

建设生态文明社会致力于将生态文明融入经济、政治、文化、社会的各个方面和全过程，因此，生态系统是生态文明的基石，能为生态文明建设奠定理论基础。

(一)界定生态系统

生态系统一词最早由英国生态学家坦斯利(A.G.Tansley)在1935年提出。此后，生态系统成为许多生态学国际研究计划的焦点和生态学研究的重点。随着越来越多的学者和机构开展生态系统方面的理论探索和实践活动，生态系统的概念和理论得到了进一步的深化和丰富，并成为生态学最重要的一个概念，也标志着人类对自然界的认识上升到更高级的阶段。

生态系统的范围可大可小，大到整个生物圈，小到一块草坪、一个微生物或细菌。虽然不同的生态系统在形态和范围上有所区别，但都由生物和非生物组成，都是开放系统。为了维护自身的生存和稳定，生物间、非生物间、生物和非生物间、生态系统与外界之间都在不断地进行物质、能量和信息的交换，否则就有可能崩溃。生态系统由生产者、消费者、分解者和非生物环境组成，缺一不可。非生物环境是生物赖以生存和发展的环境，是其所需能量和物质的源泉。生产者通过光合作用将非生物环境中的无机物合成为有机物，为生态系统提供能量来源。消费者是生态系统能量的传递者，能起到加快物质和能量循环的作用。分解者将有机物最终分解为无机物，归还到非生物环境中。整个生态系统是从非生物环境开始的，最终还要返回到非生物环境，形成一个封闭的循环。生产者、消费者和分解者三者构成了生态系统的生命系统，它们之间错综复杂的关系构成了生态系统精密有序的结构，并使生态系统充满活力。非生物环境是生态系统的环境系统，它为生命系统的生存和发展提供了土壤，是生态系统有序运行的载体。

生态系统，是在一定空间范围内共同栖息的所有生物以及环境之间不断进行能量流动与物质循环而形成的统一整体。在自然界中，生物为了生存和繁衍都要从周围的环境中获得物质、能量和信息；而生物又会不断向环境排放废弃物，死亡后的残体也复归环境。经过长期自然演化，每个地方的生物和环境之间、生物和生物之间，都形成了一种相对稳定的结构，具有相应的功能，这就是生态系统。同时生态系统中的各种生物相互联系，相互影响，共同影响着生态系统的变化和发展，通过能量流动和物质循环而形成统一整体。

(二)生态系统的结构

生态系统的结构是指系统内的生物群落和无机环境成分的组成及其相互

作用关系。决定生态系统结构的主要因素是非生物性因素和生物性因素。

1. 非生物性因素

非生物性因素包括各种环境要素的总和：温度、光照、大气、水、土壤、气候、各种非生物成分的无机物质和有机物质，即由所有非生命物质和能量两部分构成。非生物性因素为各种生物提供必要的营养元素和生存环境，它是一个生态系统的基础，直接决定了生态系统的复杂性及其生物群落的丰富性。生物体、种群和群落对每种限制因素有一个耐受范围，这个范围从能使生物处于最优条件并维持最适数量到勉强维持最少量生物的存活。

2. 生物性因素

生物群落对无机环境有反应。在生态系统中，生物群落不仅在适应环境，也在改变周围的环境，如水獭在溪流上作坝，建立适合于自己生存的湿地生态系统，从而形成新的生态系统和群落结构。生态系统的结构也会受到捕食者和被捕食者之间互相作用的影响。当前，改变生态系统结构能力最强的因素是人。人类将自然生态系统改造成人工生态系统，大规模、过度地利用资源，会导致生态系统结构剧烈的变动甚至退化。

(三)生态系统的特点

生态系统具有下列特点。

1. 生态系统具有两个较大的功能——能量的流动、物质的循环。

2. 生态系统都有一个发展的过程，那就是从简单到复杂、从不成熟发展到成熟，可以说是一个动态化的系统。

3. 生态系统是一个非线性动力系统，并且是由很多因素组成的，不同的因素之间都是相互影响的。

4. 在生态系统可持续性的发展过程中，由于其所具有的不确定性导致其具有多样性、演化性和复杂性的特征。

5. 在生态学中，生态系统可以说是一个最为主要的结构，也是非常重要的功能性单元，可以说是生态学研究中最高的层次。

6. 生态系统是一个整体，并且具有一定的开放性和不可分割性。

7. 生态系统可以对自我进行一定的调节，并且，结构越是复杂，物种也就越多，对自我进行调节的能力也就越强。

总之，生态文明建设是以生态系统为基础。任何一个社会的基础都是生态系统，只有将发展控制在生态系统资源与环境阈值中，并使能量流动、物质循环以及信息传递正常运行，这样的社会才有可能真正建成生态文明社会。

四、可持续发展理论

(一)可持续发展理论的产生

可持续发展首先需要解决的问题就是人和人之间的矛盾问题。除了人和人之间的矛盾问题以外，还存在人和自然之间的矛盾问题，这两个矛盾都具有普遍性。但是，人和人之间的矛盾是最为主要的。其中，人与人的关系可以分为当代人的关系和当代人与后代人的关系两个方面，其中当代人的关系影响和决定着当代人与后代人的关系。我们首先需要解决的问题就是代内协调的问题，我们可以认为，代际协调最为关键的部分就是代内协调。在代与代之间，可持续发展的目标就是让一代人比另一代人更加和谐。所以，当代人必须给后代提供和他们的前辈差不多或者更多的财富，因为当代人对后代人的生存和发展的可持续性负有不容推脱的责任。可持续发展需要解决的第二个问题就是促进人和自然的共同进化和互利共赢。在人与自然的互动中，我们不应该随心所欲，想干什么就干什么。我们必须对生物圈的影响进行研究，尊重生态系统中各个层次之间的协同性。人类必须把自己置于三个领域相互依存的关系网络中，在自身的生存发展活动中促进生物圈的生存和发展，实现人与自然的互利共生和共同进化。可以说，没有自然的存在，就没有人类的存在，没有自然的发展，就没有人类的发展。人类是没有权利剥夺大自然的生存权和发展权的，人类必须和自然共存。

所谓的可持续发展指的是，在促使生态系统得以维持和更新能力不断增强的情况下，逐步实现生态的完整性和人类的愿望。它强调可持续发展的最终目标是人类社会，寻求提高人类生活质量的最佳途径，创造经济发展美丽、政治稳定、社会有序的环境。人口规模稳定、可再生能源得以高效利用、生态系统的基础才能得到保护和改善。从18世纪英国工业革命以来，科学技术立即在人类思想中占据了神圣的地位。人们普遍认为，发展指的就是科学技术的进步，还有社会生产总值的不断增加。这样一种发展观把经济的增长当作最为核心的东西。到了二战以后，受到新技术革命的影响，这样的一种发展理念逐渐被世界各个国家尤其是发展中国家所接受。然而，在发展的过程中，人们普遍认为科学技术是万能的，并且只是追求经济数量上的增长，把很多东西都忽略了，比如科技、经济等和自然之间要相互协调，自然环境的承载能力等，这样就使人类一步一步踏入危机之中。之所以出现这样的问题，最为根本的原因就是，人们并没有意识到，只有一个地球，地球上的资源是有限的，自然生态系统也有其自身的承载能力，一开始所持有的发展观念已经行不通了，必须要及时转变发展的观念。受到这一系列原因的影响，可持续发展理论产生了。

(二)可持续发展理论流派

1. 资源可持续利用理论流派

人类社会能不能获得可持续性的发展，主要看的就是人类要想生存必须依靠的自然资源能不能得到持续性的利用。把这种认识作为基础，这一学派集中精力对自然资源的可持续利用进行研究。

2. 外部性理论流派

人类社会环境恶化和不可持续发展的根本原因是，人类一直将资源和环境看作是可以免费使用的公共性的物品，并没有认识到其所具有的经济意义。把这种认识作为基础，这一学派集中精力研究自然资源在经济学上的作用和意义。

3. 代际公平理论流派

人类社会不可持续发展现象和趋势的根源是当代人占有和使用了太多本应属于后代的财富，尤其是自然财富。把这种认识作为基础，这一学派集中精力研究财富在不同代际的分配。

(三)可持续发展理论的原则

所谓的可持续发展是指既满足当代人的需求，又不危及后代满足其需求能力的发展。可持续发展理论在世界范围内的应用越来越广泛，甚至每个学科都涉及它，促进了人类问题的有效解决，这一理论涵盖了四个原则。

1. 可持续性原则

人类要想生存和发展，最为基本的条件就是环境。我们要想促进人类社会的可持续发展，前提条件就是对资源的可持续利用和生态系统的可持续性。故而，人们就需要依据可持续性条件来对生活方式进行一定的调整，在生态条件的大范围内对消耗的标准进行确定，对自然资源进行合理的开发和利用，促使资源具有可以再生的能力，还可以使不可再生资源不会被过度地使用，并且有可以替代的资源作为补充，保持环境具有自我净化的能力。可持续发展的可持续性原则在一定程度上把公平性原则展现出来。

2. 共性原则

可持续发展对全球发展具有重要作用。为了实现可持续发展的总体目标，我们必须努力开展全球合作，这是由地球的完整性和相互依存性决定的。因此，努力达成一项尊重各方利益、保护全球环境和发展体系的国际协议非常重要。

3. 公平性原则

所谓的公平指的是，在机会面前进行选择的时候，要展现出一定的平等性。可持续发展所具有的公平性原则主要涵盖了两个方面的内容——一方面是当代人的公平，也就是代际间的横向公平；另一方面是指代际公平，也就是当代人与后代人之间的纵向公平。由于人类生存和发展所依赖的自然资源并不是无限的，后代人应该和当代人的权力一样，可以提出自己对资源和环境的需求。可持续发展要求现代人对自己的要求有所考虑，还要对未来后代人的发展有所顾虑，由于和后代人相比较，现代人在资源的开发和使用中占据主导性的地位。代际公平要求所有人都有相同的机会进行选择。

4. 需求原则

可持续发展意味着坚持公平和长期的可持续性，并且促使所有人的基本需要都得到一定的满足，所有人都能有机会实现自身的美好愿望。人的需求和人的价值观以及动机有着非常紧密的关系，是主观因素和客观因素共同作用的结果。

第三章　生态文明建设

在中国特色社会主义事业的发展中，生态文明建设的地位是非常重要的，事关民生福祉、民族未来、“两个一百年”奋斗目标、实现中华民族伟大复兴的中国梦。在过去的几十年里，中国经济的快速发展创造了举世闻名的“中国奇迹”，人民普遍富裕起来。然而，粗放的发展模式使我们在资源和环境方面付出了沉重的代价。总的看来，中国的生态文明建设和经济发展的水平相比较还是比较落后的，环境的污染问题比较严重、资源日渐紧张和贫乏、生态系统不断退化，这些对经济社会的发展都是不利的。本章对中国生态文明建设相关问题进行了分析与探讨。

第一节　生态文明建设的驱动因素分析

一、城市化

(一)城市化发展面临的重要问题

概括而言，目前我国城市化发展所面临的问题主要有以下几方面。

1. 城市化进程与城市化人口数量不匹配，中心区人口过多。

2. 城市现代化建设需求与资金投入不匹配。

3. 城市空间分布与环境承载力、环境问题治理不匹配。

4. 城市发展速度与管理水平的强化不匹配。

5. 现代城市特色与自然文化基础不匹配。

6. 市政设施与人们改善生活的需求不匹配。

(二)城市化与生态环境之间相互影响

城市化与生态环境之间存在着较为强烈的交互影响。一方面，城市化进程的加快，容易引发区域性周边生态环境变化；另一方面，生态环境的较大变化也会影响城市化水平的高低。当生态环境处于较好水平或得到相应改善时，就能够促进城市化水平的提高和城市化进程的加快，当生态环境处于较低水平或进一步恶化时，就会造成限制或遏制城市化速度的后果。国家城市规划部门、行政管理部门必须对这一点有充分的认识，并做出合理的判断，制订相应的预案。

(三)现代城市化要以生态文明建设为主导[①]

针对全球城市化发展趋势的预测、推演可以发现，绿色、低碳、循环发展是现代城市化的基本特征，生态文明建设成为我国城市化发展的必然选择。现代城市化把城市文明当作主要的特征，在城市文明中，人和自然是和睦相处的关系。由于改革开放初期，我国大多数城市重视经济发展、忽视了生态环境保护，导致大气、淡水、土壤、海洋等环境污染加剧，使城市发展面临生态环境恶化的巨大挑战。

现代城市化必须坚持资源的大力节约和高效利用，从多个层级、多个侧面严控增量、盘活存量；优化产业布局、提升自然资源利用效率，向发达国家那样掌控好、管理好城市建设用地集约化使用的程度。使工业生产环境到生活空间景观设计，到整个城市及周围地区生态建设的合理布局，再到城市天蓝、水净、地绿的现代生态文明发展，都呈现高度现代化的整体性特点。

(四)城市生态恢复的内源动力与外源动力

改革开放后，因为计划生育政策非常严格，故而，出生的人口大大地减少了，不少农村人口从农村走出去，步入大城市，从事非农业生产活动，这

---

① 张学勤，李兆云. 现代城市生态研究[M]. 长春：吉林人民出版社，2019：4.

就在一定程度上减少了对自然生态环境产生的直接破坏。虽然增加对自然保护的投资也是一个积极因素，但最重要的是将人口这个生态破坏的驱动力，从空间上的农村转移到城市，从作用于自然转移到制造业上。

假如我们把人的“双转移”看作生态修复中的源动力的话，那么，资源节约就是技术上的进步。在改革开放以前，技术进步最主要的就是依靠自力更生；改革开放以后，技术进步更多的是依靠国外先进技术的引进、消化和创新，也就是使用国内的市场来对国外的优秀技术进行交换。例如，高铁技术，20 世纪 60 年代由日本和欧洲创新开发。改革开放后，我国吸收利用发达国家先进技术，改善和提高铁路运营速度和水平；进入 21 世纪，在引进的基础上创新，使得高铁成为中国的亮丽名片。快速城市化引起城市人口的聚集，使得新技术的传播速率和普及成本也大为降低。所谓学习效应，也是在规模扩大的情况下，在干中学，提升技术水平，降低生产成本。

污染控制和生态恢复、资源保护是不一样的。动力主要是外生的。主要表现在：第一，更高的外资环保标准的拉动。虽然发达国家将过剩产能转移到中国，将中国视为污染的转换港口，但这些转移的技术比当时中国自己的技术更加先进。第二，直接采取主义。发达国家在污染的产生和治理上是有一定的经验和教训的，我国作为后来者，直接学习和借鉴国外的经验，这样的话，成本比较低，效果也比较好。三是从示范到强制的强化过程。20 世纪 80 年代的污水处理厂和 90 年代的卫生填埋场大多是国际资本和技术示范，在严格的环境控制下传播和实施。中国的环保意识不断增强，甚至还采用环保督察的有效行政方式，这些都是内生的外部动力。

二、工业化

(一)工业化的作用

一方面，工业化提升了劳动生产力，加剧了资源消耗，增加了排放；另一方面，工业化提升了效率，创造了财富，催生了技术，推进生态文明建设。

(二)工业化的作用机理

工业化的机制是对规模效应、技术效应等进行积极的借鉴和应用，随着工业化阶段的演进，实现发展与生态环境的动态平衡。所谓的规模效应，是指工业生产规模的扩大，使资源消耗、污染排放和生态破坏呈现线性增长。不论是20世纪80年代改革开放之初，还是中国加入世界贸易组织后的21世纪初，其主要的特点都是生产规模的扩大。在此期间，污染不断加剧，排放量线性增加。

20世纪90年代"十五小"计划的取消，21世纪初的"换笼换鸟"，都是技术效应的作用。传统工艺的"土法"生产，在农耕文明时代，规模小且分散，自然有相应的自净能力。进入工业文明时代，规模上的量化扩大必然造成污染的等比例甚至更为严重的增加。采用新的技术，资源利用效率更为高效，才能使污染控制得更加有效。

所谓的结构效应，涵盖的范围非常广阔，包括产业结构、产品结构、区域结构、能源结构和消费结构等。与轻工业相比，制造业，特别是钢铁、水泥等原材料制造业，在单位时间内创造的产值更高，消耗的能源也更多。但是，随着工业化的不断推进，第二产业的比重先出现了上升，又出现了下降。劳动密集型的轻工业部门的比重不断下降，不断向技术密集型的工业化阶段演变。

大多数发达国家已经进入后工业化阶段，因此，其单位时间内产出的能耗更低，排放量更少。中国的工业化进程不断推进，从改革开放之前的工业化前期阶段，到再到21世纪初的中期阶段，直至2010年后部分地区开始迈入后工业化阶段。

(三)在工业化进程和生态化结合进程中实现绿色工业化和绿色城市化

随着人类社会的不断发展，摆脱工业文明时代所带来的环境问题是全球各国关注的焦点。生态文明以尊重自然、保护自然，实现人与自然、人与人、人与社会和谐共生良性发展的理念得到世界各国的普遍认同。同时，实施生态文明也成为各国解决环境问题实现新发展的重要手段。

当前，我国经济处于快速发展阶段，实现工业化追赶发达国家的发展脚步是我们国家和人民的热切期望，但是工业化过程中所带来的生态环境问题、资源短缺问题也逐渐引起我们的关注。因此，我国的生态文明建设是在工业化和生态化的双重进程中进行的。它以转变我国经济发展方式、社会运行体制和运行机制为前提，立足于预防、创新和结构的转变，尤其着重于生态重构，在生态重构中积极发挥科学技术的作用，同时不放弃对于生产、生活中人们的工作态度和价值观以及各项衡量标准的转变。在中国特色社会主义生态文明的背景下，我国的工业化和生态化的进程中要积极推进绿色工业化和绿色城市化。

绿色工业化和绿色城市化是我国在新时代适应社会发展，实现工业化迈向生态文明的重要手段。绿色工业化的战略目标是：2000 年，经济“三化”——“轻量化”“绿化化”和“生态化”，都达到世界初级水平，各项环境压力指标和经济增长相对脱离。2050 年经济“三化”达到世界中等水平，经济与能源、资源、材料、污染完全分离，部分环境指标和经济增长呈现正相关的关系，还有一部分实现环境和经济的共同发展。“绿色城镇化”的战略目标是：到了 2050 年，人类的居住环境可以达到世界级的先进水平，不论是城市空气的质量，还是绿色生活和环境的安全，在世界上都算是先进水平，社会的进步和环境可以说是完全分不开的。

三、体制调整与改革

1949 年以后，经过五十年代开展的合作化运动，并且在广泛意义上进行了社会主义改造，形成了所有的生产资料都是大家所共同享有的制度，并且按照一定的计划开展经济活动。不论是对大江大河的整治和管理，还是对绿化的荒山最终的归属问题的解决，都是有一定的制度作为保障的。华北的塞罕坝国有林场，正是在这样一种体制下生态建设的成功案例。

在 20 世纪 70 年代，整个乡村的集体可以创办企业是影响最大的改革，农民可以在当地从事工业生产，推动了苏南地区工业化的进程。在 20 世纪 90 年代，不少国有企业和集体企业重新进行组合，积极鼓励私营企业的发展，促使农民离开自己生活的家乡，跨地区流动，这都推动了城市化的发展。在 21 世纪的时候，中国加入了世界贸易组织，和世界亲密接触，生产的规模扩大，技术水平得到了提高，农业人口逐渐转变为城市化人口。中国发挥市场在资源配置中的决定性作用，对经济和生态文明进行改革，推动中国的经济从追求速度转变为追求质量。

四、开放：从单向到双向

1949年以后，世界范围内，美国和苏联进行冷战，中国在战争之后开始对自我进行修复和建设。20世纪50年代，中国主要学习和引进苏联和东欧的工业制造技术。到了改革开放以后，中国对于国外的资源节约和环境的保护还只是单方向上的，主要还是进行学习和借鉴。

中国参与生态文明建设最初，最为明显的一个特点就是被动参与，但是，积极的学习和借鉴还是非常有效的。1972年，中国参加了联合国的人类环境会议，对环境治理的相关概念和方法进行了较为有效的介绍，积极建设环境保护的体系。20世纪80年代，对外开放不只是被动参与，而是要主动跟进。1982年，世界环境与发展委员会(WCED)开始调查并撰写《我们共同的未来》报告，促使可持续发展的概念和生态平衡问题融合在一起。20世纪90年代，中国积极参与全球化的可持续发展进程，不再是跟进，而是变成贡献。在2001年，中国加入了世界贸易组织，各种贸易规则和市场都推动了对生态环境的保护。2010年以后，中国不只是学习国际上对环境进行有效治理的经验，还表现出较强的责任感。2012年后全球应对气候变化的国际协定谈判、2015年通过的《变革我们的世界：2030年可持续发展议程》和2015年达成的《巴黎协定》，都展现出中国在生态保护中的作用。

第二节　生态文明建设存在的问题

一、经济结构不合理，节能减排任务艰巨

中国的工业化不断发展，与此同时，城市化的进程也在不断推进，经济的总量还将会继续发展下去，但是，资源和能源的消耗量也是不断增加的。环境的容量是有限的，这一基本国情并没有得到改变。特别是目前，经济结构不合理的矛盾依然存在，节能减排依然是我们需要关注的重要问题。

二、持续改善环境质量的压力较大

即便是中国具有普遍性的环境污染问题得到了较为有效的治理，但是，还是存在一些比较具有持久性的污染问题。中国农村各方面的技术都是比较落后的，故而不能对环境污染问题进行较为有效的治理，但是，城市生活和生产中产生的污染不断转移到农村地区，并且，这一趋势不断加剧。人民群众希望环境变得越来越好，故而提出了更高的要求，因此，对于环境进行保护的压力也是不断增强的。

三、保障生态安全的不确定因素增多

这几年来，中国的很多地区都接二连三地发生针对环境的违法行为，突发性的环境问题也是频繁出现，我们也要关注自然灾害所引发的次生环境问题。与此同时，核安全和辐射问题层出不穷，对环境造成影响的不确定性因素逐渐增加。

四、应对全球环境问题的压力上升

一些全球性的环境问题，比如气候的变化、生物多样性等，都引起了各个国家的关注。中国的二氧化碳等排放的气体量在世界上占比较多，承受了来自各个国家给予的压力。

五、生态文明建设的体制机制有待进一步完善

绩效评价体系是对科学发展观要求的一种体现，生态环境投融资体系要和社会主义市场经济要求相符合，约束激励机制要展现出一定的公平正义性，目前这些体系和机制都是不完善的。因此，我们需要以此为契机，积极建立生态文明建设的指标体系和评价体系。各级政府和部门一起推进的生态文明工作机制目前正处在刚刚开始探索的阶段。我们要对生态文明进行较为有效的宣传，对人民群众进行一定的引导，从而进行理性消费，保护好生态环境。

六、与生态文明相适应的制度体系建设任重道远

制度建设是生态文明建设的重要内容与根本保障，也是实现生态环境监管的重要手段。通过深化体制改革，完善激励约束机制，我国加快推进生态文明顶层设计和制度体系建设，相继出台了《关于加快推进生态文明建设的意见》《生态文明体制改革总体方案》，制定了许多涉及生态文明建设的改革方案，并已取得阶段性成果，但仍存在一些问题。

(一)行政部门和治理体系的条块分割造成环境治理难以发挥整体效应

山水林田湖草沙、自然生态环境、人居环境都是系统性的整体，生态环境治理需要政府多个部门的协调与合作，但其所涉及的污染防治职能、资源保护职能、综合调控管理职能等却分散在生态环境、渔政、公安、交通、矿产、林业、农业、水利、发改、财政、工信、自然资源等诸多部门。由于部门交叉，相关规划的制定和实施存在割裂。山水林田湖草沙、城市发展建设等各个方面都有专业规划，规划与规划之间缺乏衔接和协调，“治山的不管治水，治水的不管治田”的现象依然存在。山水林田湖草沙的保护与治理、城市与乡村环境的治理等在工作推进中缺乏各个职能部门间的统筹协调，需要在生态文明体制改革中加以优化。

(二)中央与地方事权与责权不统一、纵向条状权力与横向块状权力不协调影响环境治理效果

地方在推动试验区制度改革任务时，对于部分基础性强、影响面较大的改革任务，特别是涉及机构变更和重组等改革事项时，需要得到中央机构编制委员会办公室和国家部委的批准同意才能予以推动。这类责权在地方、事权在中央的改革任务，在地方上报改革方案后、中央批复方案前会有一个相对较长的空档期，从而在一定程度上影响了改革任务推进和落实的及时性和有效性。同时，中央和地方各个政府职能部门存在权责重叠现象：一方面，地方生态环境部门不只是受到同级地方政府的管束，还会受到上一级政府部门的制约，缺乏专门的法律或法律程序来规范各自的政府行为或调节双方的冲突；另一方面，原则上同一级别的部门之间是不能相互下达命令的，不然的话，就会使得各个部门之间的权力界限变得模糊不清。

(三)跨区域环境协同治理机制与横向生态补偿机制缺失

受制于自然环境的流动性、整体性与地方政府治理权限的属地化，单个地方政府的环境治理能力不足以有效应对多方原因导致的跨区域环境问题，同时涉及多地的跨区域环境治理易陷入“囚徒困境”。然而，中国的各项法律和法规并没有对跨区域的公共问题进行非常明确的阐释。在对环境污染问题进行治理的过程中，一个非常大的问题就是跨区域对生态环境进行治理并没有一个非常好的生态补偿机制。到现在为止，跨区域的横向生态补偿机制还没有真正把自身的作用有效地发挥出来，特别是跨省和大规模的生态补偿机制还没有被广泛地应用于环境治理的整个过程之中。

七、支撑生态文明建设的文化道德基础薄弱

不论什么文明，都需要一定的文化作为基础，每一种文明的发展都离不开文化基础及全社会道德自律的逐渐形成。黄河流域、两河流域的文化孕育了人类文明之光，农耕文化支撑了我国 2 000 多年来灿烂的封建文明，“自由、民主、平等、博爱”的思想为工业文明的繁荣昌盛提供了重要的思想基石。生态文明的发展离不开道德和文化的支撑。但是现在，中国公众基本的道德素质并不是很高，并不是所有的人都有生态文明意识，还没有形成自觉地开展生态文明保护活动的良好社会氛围。

(一)支撑生态文明建设的伦理道德体系尚未构建起来

社会转型期的快速变化导致部分干部群众原有的价值观发生紊乱，人们重视利益轻视道义，各种传统价值观和道德规范的缺失产生了很多不好的价值观，比如拜金主义、享乐主义，在这个基础上，人们对自然进行毫无节制的改造，使生态系统失去平衡，出现生态化的危机和问题。生态伦理道德体系的构建需要探索重建一条全新的人与自然关系体系，这是一个长期而复杂的过程，在价值取向上，我们需要树立和自然生态规律相符合的价值需求和目标，对传统意义上的工业生产方式进行改变，科学合理地进行消费，积极推进节能减排，倡导绿色消费。

(二)生态文明意识扎根仍需长期努力

我们要不断促使公民养成生态意识，开展生态文明教育，把全社会参与

生态环境保护的积极性和创造性调动起来，生态环境治理才能真正发挥好作用。我们要想对一个国家或者一个民族的文明程度进行衡量，一个非常重要的标志就是公民的生态意识。这几年来，中国越来越重视生态文明的建设。但是，因为中国长时间以来把经济建设当作主要的发展目标，故而，很多领导干部的意识中还是忽略了生态环境的建设。很多公民对于生态环境还是缺乏一定的认识，整个社会对生态环境的保护意识都是比较淡薄的，由于人们的需要和消费是没有限度的，这促使资源的消耗不断加剧、生态环境遭受严重破坏。

八、技术创新和绿色产业发展滞后

与发达国家相比，我国在绿色关键核心技术、自主创新能力、综合服务能力、质量效益水平、应对市场风险等方面还存在明显差距。

(一)核心技术竞争力和研发投入明显不足

我国能源环境领域的核心技术显著落后于国际前沿水平，关键装备及材料依赖进口。企业前沿性、原创性技术研发能力不强，自主创新能力弱，高端环境技术研发创新弱、积累少。多元科技投入体系不够健全，科技风险投资的市场机制尚未形成，研发投入与发达国家相比还存在明显差距。

(二)绿色产品、技术和服务供给不足

目前，我国节能环保、清洁生产、清洁能源等领域的绿色技术和绿色产品供给能力远滞后于产业绿色低碳循环发展的市场需求。从发达国家的发展经验来看，当进入工业化中后期、人均 GDP 达到 8 000 美元以上时，以节能环保为代表的绿色产业将迅速壮大为重要支柱产业。2019 年，我国人均 GDP 首次站在 1 万美元的新台阶上，绿色消费的兴起向供给侧传递了强烈的产业绿色升级、新旧动能转换的需求信号，绿色产业面临着难得的发展机遇，必然催生世界上规模最大的绿色市场。

(三)市场机制不完善抑制绿色产业发展

我国能源环境领域的市场化改革滞后，统一开放、有序竞争的市场体系尚待完善，市场配置资源的决定性作用没有充分发挥，对绿色产业市场空间形成了直接抑制。在产业准入、市场开放方面不同程度地存在部门分割、区

域封锁、行业垄断等现象，不公平竞争的矛盾比较突出，如清洁能源产业的发展受限于电力体制改革的进度，开放竞争的电力、燃气和热力市场尚未建成，因而面临消纳问题的“瓶颈”制约。

(四)缺乏有效的管理政策和标准制度引导

一是支撑绿色产业发展的法规标准体系尚不完善。生产者责任延伸，建筑和厨余垃圾的分类、处理及利用等关键政策缺乏立法支持，节能环保、清洁能源、循环经济等方面的部分标准可操作性差，“领跑者”标准的引领作用没有有效发挥。二是激励约束政策落实不到位。已有的可再生能源电价补贴、废家电拆解补贴等审批发放严重滞后，合同能源管理、资源综合利用、增值税优惠政策等落实不到位；绿色金融对产业发展的支持不够，企业融资难、融资贵的问题突出。三是绿色产业发展的评价监督机制不完善。节能目标评价考核、环境绩效考核、清洁生产审核评估的推行力度和影响力有限，可再生能源配额考核机制尚未建立。

第三节　生态文明建设的理论认知与意义

一、生态文明建设的理论认知

中华人民共和国生态文明建设发展 70 年，凸显中国特色，下面从规律、学理上加以分析、揭示和梳理。

(一)规律性认知

在社会经济发展规律认知层面，经济社会发展是一个过程。从发展经济学的视角，罗斯托(Rostow)的经济发展阶段论可以解释环境库兹涅茨曲线。传统意义上的社会阶段中，产业发展的规模是非常小的，在那个时候，整体的环境质量也是非常好的。在经济开始发展的阶段，产业的规模不断扩大，能源的消耗比较高，污染问题也比较严重，环境的质量逐渐出现问题。到了工业化发展比较成熟的阶段，投资不断增加，技术水平也不断提高，污染得到了一定的控制，环境问题日渐改善。在大众高消费、追求生活品质的阶段，环境问题得到了非常有效的改善，人们对美好生活的要求之一就是较高品质的环境。

20世纪60年代中期，美国经济学家肯尼斯·波尔丁(Kenneth Boulding)提出的宇宙飞船经济理论，是对自然环境刚性约束的认知。在肯尼斯·波尔丁看来，像宇宙中的飞船一样，地球的经济系统实际上就是一个非常孤立的系统，因为对自身的资源不断进行消耗而存在着，如果资源消耗殆尽的话，地球也会消失的。为了延长飞船的寿命，需要不断促进飞船内部资源的循环，并且，尽可能地减少废弃物。但是，这只是一个假说，没有考虑人类自身的适应和调整。如果人类自身的调整和适应不会或不可能超越这一刚性约束的边界，这一假说也就没有什么意义。

自从工业革命开始以后，西方的各个国家都开启了工业化发展的进程。生态文明的建设在一定程度上可以说是生态化不断发展的过程。习近平主席一再强调生态建设的重要性，建立健全生态化体系，促进生态的产业化。[①]

(二)学理性认知

生态文明建设发展实践的学理认知，不仅需要规律性理解，更需要机理性解读。非常明显的是，生态文明建设实际上就是不断进行转变和发展的过程。之所以进行转型，是有其自身的机制的，这些机制基本上是不言自明的。潜在经济增长的因子或内在动力，无外乎来自四个方面。

1. 自然资产的转换

人类通过狩猎捕鱼、砍伐树木、种植农作物、养殖家禽家畜、加工增值、市场交易等活动，把自然的有机资产转化为一定的社会财富，不断促进经济的发展；借助于对石油等矿产资源的开发和利用，生产燃料油、化工原料、化学纤维和塑料制品，形成横向或纵向一体化产业链，人类不断对产品进行深层次开发和利用，把自然的产品转化为人类发展的财富。只要人类不断对生产进行扩展，就需要对自然进行进一步的开发，这样的话，环境自身的压力也就表现出来了。

① 习近平. 推动我国生态文明建设迈向新台阶[J]. 求是，2019(3).

2. 社会基础设施或固定资产存量的扩容

基础设施有其自身的特点，那就是投入的时间和精力都比较多，供很多人一起使用，例如，高速公路、铁路、机场、港口、桥梁、城市道路、排水工程和其他公共设施，以及房屋建筑、污水处理、发电设施，乃至于大型机械装备例如飞机、汽车等。这些设施或设备在刚刚开始投资的时候通常都是非常大的，既包括对原材料的消耗，也包括劳动力的需求等，可以很快促进就业和增长，并且增长的速度也是非常快的。但是，如果不能有效地进行控制的话，污染物的排放量就会增加，环境的质量就会下降，最终迫使环境的格局也发生一定的变化。

3. 社会最终需求，即人口因子

当消费的水平并没有什么大的变化的情况下，需求的增长和人口的增长在一定程度上是步调基本一致的。这样的增长主要是对农业文明增长的一种展现。工业文明时期人们在需求上是不断增长的。我们的基本需求，包括衣食住行用。衣，从遮体保暖到舒适体面；食，从吃饱、吃好到吃特色、吃品位；住，从挡风避雨的简易茅草房，到加固增强的砖瓦房，再到上下水、电器、网络完备的品质住房；行，从步行、骑马到自行车，到两轮机动摩托车，再到舒适安全的四轮机动车；用，例如农业器具，从人力、畜力到机械助力，再到机械化。需求产品品质的提升，必然是经济增长的原动力，带动了经济的持续增长。

4. 技术进步带来的效率提升和质量改进

如果没有在工业技术上继续进行创新的话，我们会积极借助于工匠精神来促进工业技术水平的提高，但是，这样的做法并不能促进工业产品的转型升级。例如，采光透风的窗户，在农耕文明技术条件下，高级工匠精神可以在窗户制作上精雕细琢，雕梁画栋，没有工业文明的技术进步与创新，不可能演化到透明采光、保温效果不断提高的单层玻璃或双层中空玻璃，以及充入惰性气体的双层或三层玻璃。窗户框架的材料，也从木材、铁质、铝材升级到铝合金，耐用、保温、采光、观感等性能得以不断改进。如果说这些技术是渐进性的创新，有些技术则是破坏性或颠覆性的，例如，光伏发电，直接接收转换太阳辐射能，而不是采用燃烧化石能源的方式产生电力。手机融入通信、照相、文件编辑等功能，就替代了传统的有线电话、相机，乃至台式电脑。纯电动汽车不需要燃油，交通也就不会有尾气排放。

我们要想促进生态文明建设的发展，就需要有效控制资源的使用量、降低生产所造成的环境污染，从而保护生态环境。我们要尊重自然发展的客观规律，按客观规律办事，使人类的生产和生活与客观的规律相适应。

社会的固定性资产并不是一直存在的，而是有一定限制的。在农耕文明时期，因为人类不断对资源进行消耗，导致资源日益减少，故而战争不断。农耕文明的生育选择或策略是，儿女越多越幸福，人越多家族越兴旺。在工业文明时代，物质财富可以极其丰富，通过技术进步，我们可以实现合作共赢。因而，在发达的工业化国家，无须计划生育，更没有强制性政策，社会的生育选择或策略是少子化，人口数量不再增加，一些国家已经在实现峰值后下降。随着技术的不断创新，人与自然的关系最终走向生态文明时代的和谐。

二、生态文明建设的意义

(一)生态文明建设的理论意义

1. 生态文明建设体现了科学发展观的内在要求

科学发展观是中国特色社会主义的一个重要理论成果，对我国经济社会的发展起着重要的作用。生态文明作为社会文明的生态表现，体现了科学发展观的内在要求，对科学发展观的贯彻落实具有重要的推动作用。生态文明建设和科学发展观的本质要求是尊重和维护生态环境，强调人与自然、人与人、经济与社会的协调发展。在可持续发展的基础上，我国以生产发展、生活富裕、生态良好为基本原则，以人的全面发展为最终目标。生态文明既在一定程度上体现了科学发展观的第一要义——发展，又体现了科学发展观的核心——以人为本，还体现了科学发展观积极倡导的全面协调可持续的发展。

2. 生态文明建设标志着我们党对中国特色社会主义建设的认识达到了一个新的境界

1978 年以来，中国积极推进特色社会主义的建设，各方面都得到深入发展。20 世纪 80 年代的时候，社会的政治经济飞速发展，受到这一因素的影响，人们的信仰出现空洞，道德问题不断，邓小平积极倡导对物质文明和精神文明进行有效的强化。中国共产党对中国特色社会主义的规律的认识也在不断深入。

时代不断发展和进步，中国共产党在十七大中积极倡导构建和谐社会，对社会建设的重要性给予了较高的重视。这样的话，中国特色社会主义事业的总体上的布局不再是“三位一体”，而是“四位一体”。在党的十八大报告中，中国共产党积极对中国的改革开放和现代化建设的实践经验进行总结，在这个基础上，党的文献中加入了生态文明建设的相关内容，积极倡导对生态文明进行建设，进而使得中国特色社会主义总体上的布局不再是“四位一体”，而是“五位一体”。中国特色社会主义要积极做好物质文明和精神文明的发展，还要把生态文明融入其中，促进三者的协调发展。在党的十九大中，提出建设生态文明可以更好地促进中华民族的可持续发展。“五位一体”的总体布局发展了中国特色的社会主义理论体系。

(二)生态文明建设的现实意义

建设生态文明，是我国解决当前资源能源短缺，实现人与自然之间和谐相处的千年大计，具有极其重要和深远的意义。

1. 建设生态文明是功在当代、利在千秋的根本大计和战略选择

我们要想发展中国特色社会主义，一定要对生态文明进行积极的建设。我国人口多，资源相对稀缺，生态环境承载力比较弱。随着粗放式工业化的发展，我国资源浪费严重，生态环境不断恶化。我国人口的增加与自然资源不足的矛盾愈发尖锐，生态环境的形势更加严峻。建设生态文明，实现人与自然的和谐，是有效解决资源短缺、环境污染、生态破坏的有效途径，是在保护自然和生态的基础上经济社会可持续发展的根本条件，是为人民群众创造良好生活和生产环境的根本措施。人类社会要想进步和发展，就一定要对生态文明进行建设，中国特色社会主义要想持续性地推进下去，同样需要建设生态文明。推进生态文明建设，能够为子孙后代创造优美宜居的生活空间、山清水秀的生态空间，这是顺应时代潮流、契合人民意愿的千秋大计。

2. 建设生态文明是实现中国梦的根本保障

历史的经验教训告诉我们，国家、民族的崛起必须有良好的自然生态环境做保障，否则就会受到自然环境的惩罚。自从实施改革开放以来，中国的

经济取得了前所未有的成果。然而，由于经济的飞速发展，相伴而生的生态问题也不断出现，比如，资源浪费严重、水污染等，给人民的生产、生活带来了严重影响。加快生态文明建设，才能实现人与自然和谐发展，才能还给人类青山绿水、蓝天白云。我们积极倡导建立良好的生态环境，在生态环境的建设过程中，人和自然要和谐相处，这样才能推动中国梦的实现，保证人民安居乐业，最终实现中华民族的伟大复兴。

3. 建设生态文明是经济社会和谐发展的内在要求

生态文明建设强调人与自然、人与经济社会的协调发展、可持续发展。不断促进生产的发展，积极建设良好的生态文明，保证人民安居乐业，最终才能促进人的全面发展。在建设生态文明的过程中，要对资源进行有效地节约，只有这样，才能真正实现人与自然的和谐。社会经济应达到可持续健康发展，否则人民福祉、文明和谐只是一句空话。所以，建设生态文明，是经济社会和谐发展的内在要求，是实现人与自然和谐发展的现实需要。

4. 建设生态文明是顺应人民群众幸福期待的需要

按照马斯洛(Maslow)的需求层次理论，当人民的基本需求满足后，就会追求更高层次的需求。随着我国社会经济的快速发展，人们的生活质量不断提升，人民期待增产、增收、安居、乐业的殷实幸福生活，也对绿水、青山、蓝天、白云等良好的生态环境提出了更高的要求，对山清水秀的美好家园有了更迫切的需求。生态文明建设，应尊重自然、顺应自然、保护自然，崇尚绿色发展、循环发展、低碳发展。所以，推进生态文明建设，是顺应人民大众新需求的重大战略决策，它顺应时代潮流，契合人民的期待。

5. 推进生态文明建设，促进全社会生态道德文化素质不断提高

道德文化的缺失或落后，一定程度上会阻碍政策的推行、制约行动的步伐。自党的十七大开启生态文明建设征程以来，我国生态文明建设就一直在行动，不论是城市的居民还是农村的村民，其生态意识都得到了增强，保护环境的观念不断得以提升，都积极投入到对生态和环境的保护工作中。但是，生态道德文化素质还没有明显转变，其主要表现是盲目攀比、过度消费、追求奢华、铺张浪费现象还没有被根本扭转。所以，加强生态道德文化教育势在必行，而推进生态文明建设，是生态道德文化教育的实践应用，其反作用

于生态道德文化教育，从而促使全民族的生态道德文化素质不断提升。

第四节　生态文明建设的目标、原则与要求

一、生态文明建设的目标

生态文明建设受到多方面因素的制约，其中既包括各物质要素间的相互制约，也包括物质与精神因素间的相互影响，其总体目标是将经济社会发展与生态良好结合起来，形成良性互动的制度体系。具体而言包括以下几点。

首先，生态系统应与适当的人口规模相匹配。历史上，一定规模的人口对社会文明的形成发展起到了重要的作用。然而，过于庞大的人口规模将产生巨大的物质与精神需求，必然会与日益减少的环境资源产生诸多矛盾并对其构成巨大威胁，导致人与自然不和谐的出现。因此，生态文明建设的重要目标之一就是控制过快增长的人口规模。

其次，人类中心主义与生态中心主义的有效融合。人类中心主义与生态中心主义都曾在人类社会历史发展中发挥过重要作用，生态文明建设就是要从二者历史脉络中汲取养分，融合二者的长处，构建具有中国特色的社会主义生态事业。

再次，生态制度体系的建立完善。人类从自身利益最大化角度出发必然导致生态利益受损，因此，构建相应内部控制管理机制将有效约束人类的行为，实现二者可持续发展。

最后，先进科技和消费习惯的建立将从内外两部分保障践行生态文明准则，进而为生态文明建设提供技术保证。

二、生态文明建设的原则

生态文明建设应该遵守以下“五个坚持”基本原则。

(一)坚持把培育生态文化作为重要支撑

我们要积极构建社会主义的核心价值体系，并且，在这一过程中，把生

态文明放在比较重要的地位，积极宣传生态文明建设的积极作用，倡导勤俭节约和绿色低碳的生活方式，不断促进整个社会的生态文明意识的提高。

(二)坚持把重点突破和整体推进作为工作方式

我们既要把当前的情况当作基础，集中力量解决比较突出的问题，比如对经济的可持续发展具有较强的制约作用的问题、人民群众反映比较多的问题，促进生态文明建设的发展；又要具有长远的眼光。既要做好基层的探究工作，又要加强上层的建设工作，持续不断地推动生态文明建设的发展。

(三)坚持把节约优先、保护优先、自然恢复为主作为基本方针

我们要对资源进行有效的开发和利用。在对资源进行开发和节约的过程中，最主要的是节约，也就是尽可能地使用最少的资源来促进经济社会的持续性发展；在对环境进行保护和发展的过程中，保护是第一位的，在发展的过程中做好保护工作，在保护的过程中做好发展的工作；在生态的建设和修复的过程中，要把自然修复放在第一位，必要的时候，要和人工修复有效地结合起来。

(四)坚持把绿色发展、循环发展、低碳发展作为基本途径

经济社会要想发展，必须首先对资源进行较为高效的循环利用，促使生态环境得到较好的保护，在这个基础上，还要和生态文明的建设协调起来，促使资源节约和生态环境的保护有效地结合起来，扩大生产的格局，对生产结构进行转型和升级。

(五)坚持把深化改革和创新驱动作为基本动力

市场对资源的配置具有决定性的作用，政府对生产的发展具有调控的功能，可以说是一只看得见的手。我们要不断促进制度的改革，积极发展科学技术，建立系统比较完整的生态文明制度体系，把科学技术的创新作用放在非常重要的位置，促进生态文明的建设。

三、生态文明建设的要求

(一)加强环境保护，改善生态环境质量

最为公平的公共性产品是良好的生态环境。所有的人民都可以享受到的具有普遍实惠性的福利是良好的生态环境。我们要在源头上对其进行治理，

不能出现新的环境问题，应积极对已经出现的环境问题进行治理，把以前的问题尽量都解决掉，使人们都能呼吸到比较清新的空气，在蓝天白云下自由快乐地生活，喝着干净清爽的水。

1. 保护和修复自然生态系统

(1)加强森林保护

森林的保护在自然生态系统的建设中占有重要地位。对于天然林这一资源的保护范围不断扩大，扩至全国；积极开展植树造林的工作，把退耕还林的范围扩展起来，积极建设重点防护林；对国有林场和林区的经营管理体制进行有效的完善，不断促进集体林权制度的改革。减少畜牧来增加草原的面积，继续促使草原的生态保护补助政策的落实；对草原的承包经营制度进行较为有效的完善，还要采用对湿地生态进行保护的制度，减少耕地，保留湿地；对停止放牧和草畜的制度进行有效的平衡，积极促进草原保护工作的有效开展。

(2)加强水生生物保护

在一些比较重要的水域开展养殖活动。这样可以稳定生态，使食物链更加复杂，不易被破坏；提高物种丰富度，保护环境；增加自然效益和经济效益。还要积极推进各种风沙治理工作的开展。

(3)加强水土保持

针对不同小流域的情况进行综合性的治理。采取有效措施保护地下水，对过分采集地下水的地区进行综合性的治理，从而使地下水的采集和补充取得一定的平衡。

(4)加强农田生态保护

对耕地的质量进行较为有效的保护的同时，还要做出一定的提升。对一些污染和退化比较严重的农田，要不断进行改良和修复，对于耕地的质量要不断进行监测和评价。对生物的多样性进行较为有效的保护，积极建立和健全检查生物安全的机制，有效地监督外来物种的入侵，还要多参加具有国际性的关于生物多样性的谈判。

(5)加强自然保护区建设与管理

有一些生态系统和物种资源是非常重要的，需要对其进行强制性的保护，切实地保护一些即将灭绝的比较珍贵和稀少的野生动物和植物、自然环境等。还要建立国家级别的公园体制，分级别进行统一化管理，对生态和自然文化遗产的完整性进行较为有效的保护。

2. 全面推进污染防治

(1)农业污染防治

对于一些种植和养殖地区的污染问题进行有效的治理，尤其是畜牧和禽类的养殖所造成的污染问题，施用化肥的时候要科学而合理，积极发动人们使用比较节能和环保的炉灶，保持生产农产品的产地的干净和卫生，美化农村居民的生活环境。

(2)水污染防治

采取对水污染进行防治的行动和计划，对饮用水的源头进行有效的保护，对各种各样的水源地区的环境进行有效的治理，对于供水的整个过程进行管理，从而保证饮用水的安全；积极和有效地治理重点区域的水污染问题，控制淡水养殖，并进行规范化的管理，对排入河中的水的污染问题进行有效的解决；还要加强对地下水的污染问题的预防和治理。

(3)土壤污染防治

采取对土壤污染进行防治的行动和计划，首先需要对耕地的土壤环境进行一定的保护，对工业污染的场地进行一定的治理，先对一些土壤污染的地区进行示范性的治理和修复，然后再全面性地推广起来。

(4)重金属污染治理

重金属污染日益引起了各专家学者的重视，在目前开展的各种防控措施中，切断源头、阻断污染的传播过程并进行末端处理是非常重要的，其中，控制源头处于核心，我们在发展经济的同时还应该考虑到造成的污染，避免走“先污染后治理”的老路。

(二)转变发展方式，促进资源高效利用

在当前的环境下，我们可利用的资源越来越少，所以我们应该高度重视环保的重要性，从各工序出发，逐步提高工作效率以及物资的利用率，大力支持循环经济发展，从而让各种资源都能得到充分利用。

1. 加强资源节约

在具体的生产过程中，我们应该逐步提高各种矿产资源以及土地资源的利用效率，并采用精密管理的方式，逐步提高能源的利用效率。

水资源是非常珍贵的，世界上的部分地区依然存在水资源匮乏的状况，所以就应该抑制那些不合理的用水需求。我们应该倡导节水型社会的构建，让节水的理念深入每一位市民的心中。除此之外，我们还应该积极开发再生水资源，相关部门还应该制定严格的水资源使用标准，抑制并减少那些无序调水行为的发生频率。

对于土地资源我们也应该制定合理的监管标准，对市场上无序开发土地的行为进行规范，同时还应该大力推广相关的节地技术，从而让单位面积获得更高的亩产量。

2. 推进节能减排

我们还应该着力推进节能减排工作的落实。对于那些主要的用能单位，应该让它们制定出具体的节能减排的对策并督促其进行落实。对于建筑行业，应该让相关的建筑单位遵循建筑节能的标准，多采用可再生能源，鼓励其建设创新出新的、利用能耗更低的建设模式。对于交通业，国家应该大力支持公共交通的发展，逐步提高运输的方式，让更多的人都愿意乘坐公共交通工具出行。对于农业，国家应该多创建一些新的节约型公共机构示范基地，强化对结构的管理，并着力控制好污染物排放的总量。

3. 发展循环经济

我们应大力发展循环经济，只有这样才能让经济获得可持续的发展，我们可以采取多种措施，比如建立循环型经济发展体系，逐步让全社会的资源都能得到提高。而且还应该完善资源的回收体系，分类处理垃圾，让那些可回收利用的物质能够进行二次利用，从而减少城市垃圾的填埋数量。对于那些循环经济做得好的地区可以设立示范区，让更多地区的人都能效仿这些好的行为，从而让全社会的资源都能实现循环利用。

(三)推动技术创新，调整优化产业结构

1. 推动科技创新

我们应该在结合当前生态文明建设的基础上逐步进行科技体制的改革，

对于那些比较突出的科技问题，应该组织专家进行深入研究，只有如此才能逐步改善当前环境污染的难题，同时也能让自然生态得以修复。显然，这与科技工作者的积极进取是分不开的。

国家应该鼓励企业进行积极创新，对于绿色产业的发展，应该给予技术上的支持，从而为绿色产业提供更为广阔的发展空间。同时还应该重视技术创新体系的完善，逐步提高综合集成的创新能力。

国家应该加强对科研成果的保护力度，同时还应该注重创新成果的转化，只有这样才能让创新成果的转化形成一种趋势，就能将先进的理念运用于具体的生产实践中，从而加快成熟技术的推广。

2. 调整优化产业结构

随着科技的不断发展，我国也逐步出现了一大批的新兴产业，同时，部分制造业也展示出了自己的先进性。对于传统的制造业而言，可以多采用那些节能环保的技术从而改变自己传统的制造模式，从而在降低污染的同时逐步提高自己的产能。

服务业是一种新兴的行业，该行业作为第三产业的重要组成部分对推动经济的发展也起到了很大的促进作用，所以我们也应该重视服务业的发展，为其发展构建合理的基础。

在当前，人们的物质需求得到了极大的满足，在一定程度上我国存在产能过剩的情况，该种现象应该引起我们的重视。对于那些产能严重过剩的行业我们应该对其进行调整，让其供销逐步恢复到正常的水平。对于那些落后的产能，就需要将其逐步淘汰，并且应该禁止这种产能向不发达的地区流动。与此同时，国家还应该做好此类工厂员工安置工作。

在当前的形势下，不同国家之间的经济交往日益频繁，跨国企业也越开越多，那么我们就应该从全球的视野出发做好资源的配置。对于我国的优势产业而言，应该积极加入全球化的竞争中，让自己的能源结构能够得以调整，只有改变传统的高污染、高消耗的模式，才能让我们获得持续的发展动力。

(四)科学合理布局，优化国土空间布局

1. 加快美丽乡村建设

除了做好城市的规划与布局，国家也非常重视农村的建设。为了提高农村的绿化率，很多村庄的村民都会在自己的房前屋后植树，这样不仅美化了乡村的环境，还在一定程度上为保护当地的生态系统做出了贡献。只有大力发展农业循环经济，积极治理当前存在的污染问题，才能逐步提高农产品的安全水平。

2. 推进绿色城镇化

自然资源是具有一定的承载力的，如果我们一味地对自然资源进行挖掘，或者不顾生态进行无序开发就会超过自然资源的承载，从而导致各种环境问题频发，山洪、雾霾等就是很明显的例证。所以在开发的时候，我们应该在尊重自然的前提下对城镇的布局进行规划。

不同的地区都具有自己的特色，对于城镇而言也是具有自己独有的风貌的，那么开发人员就应该尽量避免用统一的规划思路去规划不同的城镇，以免导致"千城一面"状况的产生。在具体的开发过程中，应该确定好城镇开发的强度，逐步提高城镇土地的利用率，逐步完善城镇的交通体系以及基础设施。

3. 实施主体功能区战略

在规划与建设的过程中，主体功能的定位是非常重要的，对于不同的主体功能区产业项目，我们应该实施不同的市场准入政策，在不同的区域，应该遵循不同的开发政策，对于哪些区域不能开发，哪些区域需要限制开发等都需要作出明确的规定。

第四章　基于绿色理念的生态文明建设制度路径

建立健全一套基于绿色理念的、行之有效的生态文明建设制度，是我国生态文明建设工作中的关键和核心，如果没有行为高效、运转灵活的生态文明建设制度，就不能实现生态环境治理的合理化和规范化。本章将重点研究生态治理制度体系的改革与完善，以及相关法律制度体系的建立，探究发达国家生态文明制度创新经验对我国生态文明建设的启示。

第一节　改革与完善生态治理制度体系

一、优化生态治理决策机制

在国家政权中，政府的作用是非常重要的，政府的各种决策会对当前社会的发展产生非常重大的影响，所以政府应该让自己的各种机制决策保持科学与合理。这显然会关系到经济与社会是否能可持续发展。党和国家的领导人高度重视人民基本利益的维护，所以其决策是基本符合社会的发展需求的。

在当前的市场经济条件下，尤其是在网络覆盖面逐步扩大的当下，政府制定出的政策在很短的时间内就可以得到广泛传播，这能更好地指导人们的行为，让市场经济得到进一步发展。

(一)建立生态专家咨询和论证机制，实现科学化决策

党和政府在确定环境政策时有很多可以采用的方法，其中，专家咨询决策就是比较常见且使用最为广泛的一种。要想更有效地缓解资源开采与环境保护之间的矛盾，就应该制定好合理的环境政策。

在确定环境政策的时候，相关部门可以邀请部分专家对此展开调研，并提出观点。此后，相关的政策研究人员就可以与这些专家进行交流，从而共同制定好最后的政策。这一讨论的过程不仅可以利于人们发现一些潜在的问题，同时还会扩大人们分析的范围，从而提出更为全面、具体的对策。

对于政策的研究者而言，他们会查找大量的资料并进行实地调查，从而提出合适的环境政策方案。那些由权威的专家以及学者所构成的政策咨询群体在政策的制定方面具有丰富的经验，因而可以保证其所提意见的科学性，从而为合理政策的提出创造良好的基础条件。

这种由专家组成的咨询调查会是不存在上下级的，这就与传统的行政部门的会议形成了很大的差异。在咨询调查会现场，专家学者们都可以就特定的问题发表自己的观点，并不用顾虑其他，这显然能更好地提高政策制定的科学化与民主化。

决策是否科学不仅取决于专家学者是否拥有广博的知识，同时还依赖于专家之间的协同合作。对于各行业的专家而言，他们应该承担更多的公共责任，提高自己的自律水平，从而让自己的知识能够得到不断扩充，并拥有独立的人格，能够敢于发声。当前社会的分工越来越细，所以对于不同领域内的专家而言，应该加强彼此之间的合作，从而逐步扩大自己的视野，并提高政府生态环境治理决策的科学化水平。

(二)建立严格的决策程序，实现决策规范化

在制定各种政策时都应该遵循一套严格的标准，对于生态环境规范的决策制定而言更是如此。要想保证政策制定的科学性，有关部门就应该做好前期的调查工作，只有这样才能明确不同生态问题的成因及其特点，从而切实制定出各种合适的解决方案。在具体的方案制定过程中，我们都应该对当前的现状有一个清晰的认知，只有这样才能为正确方案的制定奠定基础。

在具体的决策制定过程中，我们应该对各种方案进行准确评估，这样才能在对比中找到最好的决策方案。在决策开始执行前，政府就应该进行公示，让大众明确决策的目标、内容以及具体的惩戒方法等，这样不仅可以利于决策制定按照预期达成，还能进一步提高决策的透明度。在制定决策的具体过程中，我们应该随时关注决策客体的变化，从而做到对各种问题的及时预测与处理。

在相关的决策制定完毕之后，政府就应该将政策实施的具体效果进行公示，如果需要复议，就应该及时规划好复议的时间以及复议的主题等。政府在政策方案制定出来之后还应该进行跟踪访问，从而确定新的复议主题。

要想提高环境决策的可行性，我们就应该多采用集体决策的方式。通过这种方式，我们可以大范围地汇总相关的信息，逐步增大信息渠道，并掌握与决策相关的各种情况。各决策成员就可依据这些既定的信息，多角度地分析问题，一些具有创新性的见解就可以在交流的过程中得以逐步产生，这样就能让决策更突显出民主性的特色，从而提高决策的科学性。

在决策制定的整个过程中，不同的决策成员都应该发表自己的意见。在特定的时间里，主要的决策者在发表意见的时候不应该占据主体地位，而是应该让其他的成员有发表自己意见的机会。

(三)完善决策的制约机制，实现决策责任化

现代社会环境决策展示出了自身的复杂以及不确定性的特点，如果在决策的时候一直遵循固定的程序，那么长此以往就难免会出现一些错误。在决策的时候，我们应该尽量保证决策的科学性，如果出现了决策的失误就应该及时进行纠错，这样才能保证决策的正确性。

1. 健全政策决策的责任认定机制

环境政策制定的过程是受很多因素制约的，所以有时就会产生一些失误，但是在当前的情况下，我们并没有明确的责任认定机制，所以就会出现一些没有人对失误负责的情况，有时制定的一些决策具有极强的随意性，所以我们就应该尽快地将责任认定机制完善起来，只有如此，才能更好地确定责任。对于某个地区而言，行政首长具有全局性的作用，他们应该统筹环境政策制定的整个过程，如果某个环节出现失误，就应该做到及时追责。

2. 健全政策决策责任追究的程序

在追责的时候，相关部门应该遵循特定的方法和步骤，具体而言，追责的类型主要有两种，一种是被动追责，另一种是主动追责。如果在政策的制定过程中出现失误的情况，就应该由相关的部门启动追责的程序，从而明确责任人。

在确定责任的时候，应该首先明确失误的程度，根据失误程度的大小做出不同的处理。在具体的追究责任的过程中，我们应该遵循特定的追责标准，根据失误导致的后果去确定每个人的责任。同时我们还应该重视追责的时限，如果有重大失误，进行无限期追责也是可行的。

3. 要实行完备的决策责任追究制度

相关部门在进行决策的时候要做好定性以及定量评价，只有这样才能分清责任，从而明确主要的责任者以及导致失误产生的原因。同时，有关部门还应该重视环境政策过程中的各种人力、财力以及物力投入，只有对其做好客观的核算，才能形成统一的评价体系。

二、规范生态治理执行机制

当前的政策得到贯彻执行，才能发挥出自身的作用，从而起到引导、约束人们行为的作用。如果某项政策没有得到有力的执行，那么尽管其制定得非常全面，也会因为执行不力而被束之高阁，这样显然就难以达成预期的目标，也不利于政府公信力的维护。

政策制定的过程会受到很多因素的影响，资金是否充足会影响前期调研的效果，宣传是否得力会影响政策的受众接受度，如果存在地方保护主义的乱象，这显然就会阻碍环境政策的落实，使得政策目标难以实现。这对于政策的执行显然是不利的，所以我们应该逐步提高环境政策的执行效率。

(一)政策执行资源化

只有提供充足的资金以及技术等资源才能给环境政策的落实做好保障，如果缺乏外部条件的支持，那么各项具体的环境政策实施起来就会有困难。对于政策的受控者而言，或许在某些政策的制约下，他们的生产规模或生产时间等就会受限，甚至会影响他们的收益，所以，政策的落实与强有力的检查和督导是密切相关的。

随着工业化进程的加快，我们的生态环境也遭到了破坏，污染问题日益严峻，为了改善当前的状况，相关的环境政策就必须得到落地实施。各地区的环境保护管理部门都是环境政策的具体制定者，所以就需要担负起解决当前环境问题的重要责任，采取各种措施辅助各项政策的落实。此外，他们还可以拨出一定比例的款项，推动该地区环境综合治理规划的落地实施。

国家也非常重视森林生态系统的保护，制定了各种措施从而防止水土流失，也制定了相应的法律法规以促进天然林资源保护的顺利落实。在国家相关政策的指引下，四川西部地区的天然林开采活动应该被全面禁止，并加强对该地区的保护，这样就可以涵养水土、减少水土流失的发生概率，从而维护下游地区的安全。如果有人蓄意破坏森林资源，那么有关部门就要直接追究责任人，造成的损失应该由受益的一方进行补偿。

(二)政策执行透明化

一般来说，国家在制定环境政策时会从大多数人的利益以及社会发展的长远利益出发。在制定政策的时候，政府应该提前进行公示，不仅要表明自己的职责范围，还应该将政策执行的具体过程与方法等通知民众，不仅要自觉接受社会的监督，还应该吸纳公众提出的正确意见。

透明化是对政府行使权力的过程的一种基本要求，在完成各种政策制定的过程中，政府应该将各种政策的制定目标以及相关的法律法规等通知给办事者，这样还可以让公众明确具体的收费标准以及项目等内容。

采用这种提高透明度的做法是有积极作用的。一是可以提高民众对国家大事的关心程度，从而唤起他们对各项社会事务的关注；二是可以让执行部门处于社会舆论的监督之下，从而规范它们的行为；三是可以让受控者也可以处于舆论监督中，从而让更多的人也能加入督促他们的队伍中；四是可以规范相关政策研究者的行为，让他们能积极、高效地对待这份工作，从而逐步提高自己的办事效率；五是可以让国际社会了解我们国家的环境政策制定情况，从而使其明确我们对国际环境保护工作所做出的努力。

(三)政策执行程序规范化

程序的执行包括多个环节，在最开始时，需要进行政策以及法律法规传播，而后应该进行积极组织，最后应该进行反馈与评估。对于政策或者法律等的宣传，我们可以通过会议或者文件的形式完成。在组织阶段，政府部门就应该提供一定的保障机制，从而促进各相关环节工作的顺利实施。

组织功能对于执行目标的实现具有促进作用。在组织准备的活动中，有一个重要的任务就是确定执行的机构，那些具有基础性的常规工作可以由那些基本的执行机构来完成。但是，对于那些非常规性的工作或者是能影响全局的工作，就需要组织起临时的机构，让专业的人员来处理，在实现相关的目标之后，可以取消这些临时性的部门。

在组织准备的过程中，我们还需要制定出具体的管理法规，要制定好具体的目标责任，完善好奖惩的制度，还应制定系统的检查制度。在各种管理法规的约束与引导下，执行工作就会得以顺利实施。在政策制定的过程中，组织实施显然处于核心位置，并且会对执行目标的完成情况产生重要影响。一般而言，对于那些具有全局性的重要问题，我们可以通过试点的办法开展，这样就可以让我们吸取经验教训。在政策执行的过程中，执行沟通显然是非常重要的。

在环境政策的具体制定过程中，沟通是必不可少的，这种沟通不仅包括政策执行部门之间的沟通，还包括目标群体与政策执行部门之间的沟通。前者侧重的是政策的执行过程中不同人员之间的信息交流。后者侧重的则是执行组织与社会公众政策信息的交流。

在政策制定的过程中，执行反馈也是非常重要的。相关的决策人员如果对政策意义的理解有失偏颇，或者没有将问题的严重性给予高度重视，显然就会影响方案的执行力度，从而导致政策偏离执行目标。所以，信息的反馈是必需的，同时我们还应该根据具体的情况变化及时修正工作中的方法。

如果一项决策进行到了某一个具体的阶段，我们还应该及时地对当前的执行效果做科学的评估，不仅需要分析该项政策会对社会经济以及文化等造成的影响，还应该要考虑到舆论的走向。在这个过程中，我们可以检测这一方法是否是可行的，这样就能及时分析政策执行过程中存在的各种问题，从而利于我们有针对性地解决这些问题。

三、健全生态治理监督机制

(一)强化权力机关行政内部的监督

在我国，地方政府以及国务院是实施环境监督的主要负责者。在我国的体制内部依然存在一些待解决的问题，这就容易导致权力的滥用。卡尔·波普尔(Karl Popper)认为，要想让国家的职能得以顺利实现，其就应该拥有比公众更大的力量，对于公众所担心的政府权力滥用问题，就可以依靠各种制度来避免或将这种不利影响降到最低。[①] 在进行机构的设置时，应该在保证权力起作用的同时让其发挥出真正的监督作用。

1. 环境监察部门要有独立的地位

在过去我们一直推行双重的领导制，但是这种制度是有一些缺点的，比如环境监察部门并不具有自身的独立性，而是处于政府的某个部门管辖之下，所以不论是人员的选拔还是财务资金的拨付等都会受到上级部门的约束。因而，环境监督部门要想切实发挥出自己的作用是非常困难的。

要想改变当前的弊端，就应该让环境监察部门就某些事项直接向国务院汇报。除此之外，还应该让中央环保局直接管辖这些环境监察部门，并负责该部门领导的任免以及经费的拨付等。只有环境监察部门不受当地政府的直接管辖，才能避免当地政府对其的间接约束，这样才能逐步提高环境监察部门的独立性以及权威性。

2. 环境监督部门的职权范围应得到扩大

政府应该赋予环境监督部门以具体的行政处分权，如果发现违纪的人员，环境监督部门就应该有权利对其进行警告与处分，如果情节非常严重，环境监督部门甚至可以拥有对违反规定的人员进行降级的权力。如果由于相关人员的失职而给当地的群众造成财产损失，那么环境监督部门就可以限期勒令其进行整改，并赔偿损失。只有政府赋予环境监督部门以更大的权利，那么才能促进他们更有做好这件事情的魄力，尽可能降低各种因素的影响。

① [美]卡尔·波普尔. 猜想与反驳[M]. 傅季重，译. 上海：上海译文出版社，1986：500.

3. 环境监督部门的职能范围应得以扩大

我们应该确定三位一体的监督机制，让环境监督部门从事前、事中、事后三个层面出发进行监督。

要想建立起全方位的监督体系，实施三位一体的监督机制是关键。在执行事前制度时，应该确立好具体的监督目标，并制订好科学的监督计划，只有这样才能保证监督的科学化以及规范化。同时还应该加大对违法乱纪行为的追查力度，如果一旦发现不良行为就应该做到及时追责。

(二)加强社会舆论监督

从本质上而言，生态环境治理属于国家治理权力的一种，那么这种权力的授予者显然是人民，治理的目的应该凸显出人民的权利。其实，这一治理的过程就是对人民意志的一种直接反映。所以，也应该赋予人民监督政府生态治理行为的权力。

群众监督是一种最为基本的监督方式，从本质上而言，人民政协、群众团体以及民主党派的监督都是群众监督的行为。为了健全群众监督的机制，需要做出以下方面的努力。

第一，要让信息处于公开的范围中，让更多的群众能对政府政策的制定过程等产生全面了解，同时还应该让治理的过程更为公开、透明，这样就可以保证民众的知情权。

第二，对环境保护的各项法规，公民应该有知情权，同时他们还应该明确自己的环境权，这样才能激发出他们环境保护的积极性。

第三，为了提高环境治理的成效，我们可以多设置举报的途径，让不同文化水平的有举报需求的人都能找到适合自己的举报方法。随着信息技术的不断发展，我们还应该建立健全环境举报的网络体系，设立更多的举报渠道。

第四，政府应该保护举报者的信息不被泄露，同时还应该仔细查证举报人所反映的问题，如果问题属实，国家就应该及时采取措施，从而严厉打击违法行为，只有这样才能消除群众的恐慌心理，从而使群众能敢于举报。

环境舆论监督的载体种类是非常多的，不仅包括传统的报纸、杂志、电视等形式，还包括网络等。借助这些载体，相关的环境污染问题可以让更多的人了解到，从侧面上讲，这对于政府也是一种间接的监督。对于群众而言，他们所采用的主要监督方式往往是舆论监督。舆论监督尽管不具备信息强制性，但是却能起到一定的震慑作用，如果某个媒体报道了某一事件并引起了舆论热讨的话，那么就会对社会造成很大的影响。

在当前的情况下，我国的环境舆论监督机制尚未形成，所以就难以形成特定的制度运行机制，我们可以从以下方面着手进行改善。

第一，逐步完善舆论监督责任制度，应该尽力将监督机构独立出来，并以制度的形式规范其对社会事件的曝光程度等。

第二，提高各种传播媒体的自律机制，对于相关的记者而言，应该通过深入地学习，逐步提高自己对各种法律政策的理解程度，同时还应该深入基层，多了解各事件发生的来龙去脉从而为公共报道最为真实可信的新闻。

第三，应该提高舆论监督的有效性，由于舆论监督并不具有强制性，所以为了发挥出其作用，应该将其与其他的监督形式进行结合。一般而言，政府环境监督机构更加具有强制性，所以应该加强政府对各环境监督部门的舆论监督，如果发现问题就应该及时进行处理，只有这样才能切实起到监督的作用。

(三)整合利用各种监督机制

通过分析我国当前的生态环境监督机制，可以发现其监督机制的种类是非常繁多的，不仅包含权力机关的监督机构，还有群众监督以及舆论监督等各种类型。单就环境监督的主体而言就展示出了多样化的特色。当所有的监督机制能够实现良好沟通时，显然监督就会取得更好的效果，这样也能发挥出监督机制的优越性，从而逐步提高监督主体的整体功能。

但是反观当前监督机制的运行情况却存在很大的问题。监督主体之间并没有明确自身的关系，所以就会出现监督职权不清的情况，如果各主体监督的范围没有得到清晰划分，那么显然就会导致出现监督的交叉环节，进而引发推诿的情况，这不仅会引起纷争，也会导致监督效力的下降，甚至会拉低环境监督的效力。所以，建立合适的监督协调机制是必要的，我们应该将群众监督、舆论监督以及法律监督之间的关系理顺，并且让不同的监督主体之间都能达到密切配合，只有这样才能发挥多元环境监督机制的效果。

在健全和整合环境监督机制的时候，我们应该做好以下几个方面的工作：

第一，设立环境监督机构委员会，以此来加强不同监督主体之间的联系。我们可以将这种委员会分为两类，一类是全国性的环境监督委员会，另一类是地方性的监督委员会。对于地方协调委员会而言，其职责应该是做好本地区监督工作的协调，让不同的工作环节都能做到有机衔接，从而形成一个有机的整体。全国协调委员会具有跨界管理的权力，这样就能让不同类型的环境问题都能得以顺利解决。

第二，应该注重网络监督平台的建设。在当前的时代背景下，网络在人们的生活中所发挥的作用越来越大。网络上信息的传播具有即时性，所以就能打破过去各自为营的局面，从而加强不同监督主体之间的沟通。在网络平台上，我们可以搜集到很多的监督意见，对于其中那些真实的、重大的问题，政府部门应该高度重视并采取合适的方法进行处理。这样可以切实发挥出非权力监督机制的作用。

第三，应该完善相关的政策与法规。政府部门应该确定好不同监督主体的权责与地位，这样不同的监督主体在实施监督活动的时候都能做到有法可依。

第二节　建立完善的法律制度体系

一、完善生态文明建设法律制度的重大举措

改革开放以来我国的不断发展与积累，为解决当前的环境问题奠定了更好、更充裕的物质、技术和人才基础。现在到了有条件不破坏、有能力修复的阶段，是全面开展生态文明建设、打好生态环境保卫战和污染防治攻坚战的难得机遇。从党的十八大到2035年，我国处于不断发展的转型期，这一时期既是最佳的经济和社会发展改革窗口期，也是最佳的生态文明体制改革窗口期，不容错失。

在这个时代背景下，以习近平同志为核心的党中央，以目标、理论和问题为导向，把生态文明建设作为统筹推进“五位一体”总体布局和协调推进“四

个全面”战略布局的重要内容，其寻找突破口，谋划开展了一系列根本性、长远性、开创性的改革布局，出台了生态文明建设和改革的重大举措，既解决了人民群众关心的热点环境问题，也构建了经济社会与环境保护协调发展的长效机制，推动了生态文明建设和生态环境保护从实践到认识发生了历史性、转折性、全局性变化。具体来看，生态文明政策和法律制度改革的重大举措可以归纳为以下几个方面。

(一)将习近平生态文明思想作为中国生态文明建设的理论支撑

当前，科学认识人与自然、人与政治、人与经济、人与社会、人与文化关系的习近平生态文明思想主题鲜明、逻辑严密、内涵丰富，已经理论化、体系化，成为一个相对独立的理论体系。其关于“生态兴则文明兴”“绿水青山就是金山银山”“社会主义初级阶段社会主要矛盾的转化”“山水林田湖草沙是生命共同体”“环境保护党政同责”等论断，既是对马克思主义世界观的丰富和发展，也是对中国传统生态文明思想的科学传承。

习近平生态文明思想作为世界生态文明建设的中国方案，其顶层设计(中国生态文化的培育、中国生态文明制度体系的构建、中国生态文明体制的改革、中国生态文明产业体系的构建、中国生态文明能力的建设)对我国生态环境保卫战和污染防治攻坚战的开展具有理论指导意义。

此外，习近平生态文明思想具有国际性，对广大发展中国家结合本国实际开展生态环境保护、实行绿色发展和高质量发展具有重要的参考和借鉴作用，其丰富和发展也是对构建人类命运共同体的重大理论贡献。

(二)健全党内法规和环保立法，开展制度建设，为生态环境保护提供法制保障

党中央开始重视党内法规的建设，通过制度来加强对环境保护工作的领导。2013年，中共中央出台了《党内法规制定条例》，同时出台了第一个和第二个中央党内法规体系建设五年规划。在此基础上，发布了《党政领导干部生态环境损害责任追究办法(试行)》《关于深化环境监测体制改革提高环境监测数据质量的意见》《环境保护督察方案(试行)》《关于开展党政领导干部自然资源资产离任审计的试点方案》《编制自然资源资产负债表试点方案》《领导干部自然资源资产离任审计暂行办法》《生态文明建设目标评价考核办法》等党内法规或者改革文件，使环境保护党政同责、中央生态环境保护督察、生态文明建设目标评价考核、领导干部离任环境审计等举措得以实施，在严厉追责之下，各级党委、人大和政府重视生态环境保护的氛围基本形成。

2015年1月1日，史上最严格的《环境保护法》开始实施，按日计罚、行政拘留、引咎辞职、连带责任、公益诉讼等严厉的法治举措让环境保护法律法规的“牙”更锋利了、“齿”更尖锐了，有法必依、违法必究的法治氛围正在形成。

(三)实行环境保护党政同责与一岗双责，促进环境共治

采取多样化的措施可以提高地方党委、政府、个人以及企业等在生态文明建设中的作用，从而促进环境共治格局的产生。我们可以建立权力清单，这样就可以让责任做到明确区分。

地方政府可以将环境监督问题上报给同级的人大，在地方政府实施环境监督行为时，政协也可以参与这一监督的过程，检察机关也可以行使司法监督从而对各种诉讼事件进行监督。在当前信息公开的前提下，公众和社会组织就可以加强对各种信息的监督力度，逐步提高环境质量。

(四)开展中央生态环境保护督察和生态环境保护专项督察

党中央非常重视环境问题，并且建立了相当完善的制度，期望逐步解决当前的环境问题，其中，地方党委的作用得到了加强，在进行地方的环境保护管理时，政府党委应该起到协同监督的责任，做好与其他监管部门的配合，如果配合工作不得力，就应该追究责任人。

社会各界普遍认为，中央生态环境保护督察是破解中国环境问题困局的一剂良方，是符合中国国情的社会主义法治形式。2016年以来，国家生态环境保护部门还创造性地开展了生态环境保护专项督察和“绿盾”“清废”等专项行动，下沉执法督察力量，发现和解决了大量的水、气、土等环境污染问题，处理了一大批失职渎职的干部，倒逼地方重视环境保护执法、优化工业布局、开展产业转型升级。

(五)打击监测数据和环境治理造假行为，开展环境信用管理

为了倒逼各地加快发展转型，中共中央办公厅、国务院办公厅出台了《生态文明建设目标评价考核办法》。为了维护生态文明评价考核的严肃性，保证环境监测数据的真实性，出台了《生态环境监测网络建设方案》。为了增强环境监测的独立性、统一性、权威性和有效性，我国建立了以环境质量管理为核心的环境管理模式，出台了《关于省以下环保机构监测监察执法垂直管理制度改革试点工作的指导意见》，印发了《关于深化环境监测体制改革提高环境监测数据质量的意见》。

在立法建设方面，《环境保护法》针对排污单位环境监测数据造假的行为规定了行政拘留的措施，针对国家机关和国家公职人员对环境监测数据造假的行为规定了行政处罚的措施。在司法解释方面，《关于办理环境污染刑事案件适用法律若干问题的解释》对监测数据造假行为规定了刑事制裁的措施。对于违规企业，按照环境信用管理的联合惩戒措施实施股票融资、银行借贷等方面的约束措施。

(六)开展区域统筹和优化工作，改善区域环境质量

为了促进经济的协同发展和生态环境的一体化保护，国家通过推行统一规划、统一标准、统一监测、协同执法、协同应急等措施，加强了京津冀、长三角、珠三角、汾渭平原、长江经济带等区域和流域的环境保护协同工作，通过“多规合一”、划定生态保护红线、建立健全区域环境影响评价制度和区域产业准入负面清单制度，优化了区域产业结构布局，预防和控制了区域环境风险。区域生态保护补偿机制正在全面建立，区域发展的公平性正在建立。

通过区域协同监测、协同应急、协同保护和协同错峰生产，缓解了重点区域、重点时段的空气质量问题。排污权交易、碳排放权交易、水权交易、用能权交易正在推行，城镇生活污水和垃圾处理的第三方治理市场火爆，农村垃圾分类收集处理和农村“厕所革命”取得突破，城乡环境的综合整治取得新进展。立足城市群合力发展，做好产业链条转型升级，可以增强产业上游、中游和下游的协同性，达到既推动区域经济的高质量发展，又减少区域环境负荷的目标。

二、生态文明建设法律体系的生态转型

法律体系要顺应生态文明建设的大趋势，符合生态文明理念的基本要求，实现生态文明意义上的转型。

(一)法律体系生态转型要遵循的原则

1. 符合正确处理人与自然关系的要求

法律生态转型应牢牢把握“尊重自然、顺应自然、保护自然”的生态文明理念，人是主体，自然也是主体；人有价值，自然也有价值；人有主动性，自然也有主动性；包括人在内的所有生命都依靠自然。在日常环境行为中自觉践行人与自然和谐相处理念，环境法律法规的制定、创新、执行才能获得广泛的社会认同与持续的社会效应，并最终实现人与人之间的代内公平、代际公平、区域公平和人与自然之间的种际公平。

2. 符合正确处理人与人之间关系的要求

法律体系的生态转型要正确处理因人与人之间的关系所引触的各种问题。[①] 当前，纵观全球，由不合理的生产关系造成了对资源的占有和污染的转移，为了快速实现资本的积累，一些发达国家相继到不发达的国家开设工厂，他们利用当地的资源以及廉价的劳动力生产商品，这显然会污染不发达国家的环境，但是，某个地区的污染必然会对全球的环境产生一些影响，从而会导致发达国家的生态环境出现问题。

所以我们应该通过构建全球的生态文化，采取各种措施降低不同国家对环境的污染程度，从而实现全球生态的新平衡，在各种高新科技的辅助下，我们就可以拥有更为生态化的生产方式。

3. 符合正确处理自然界生物之间关系的要求

自然界生物之间的动态平衡的关系对人类生存和发展具有重要的意义。要使人类社会可持续发展，就应该辅以法律体系的约束，这样就可以更好地促进人与自然界生物的和谐发展，也能保护各种动物生活的家园不被破坏。

4. 符合正确处理人与人工自然物之间关系的要求

随着现代科学技术的发展，越来越多的人工自然物被创造了出来，这些自然物又会反过来影响人们的生活方式。人类革新各种科技的目的是让自己生活得更好，法律体系生态化的目的是制定各种相关的法律法规，从而让各

① 《生态环境保护管理创新与建设美丽中国实践探索》编委会. 生态环境保护管理创新与建设美丽中国实践探索[M]. 北京：经济日报出版社，2014：343.

种人工自然物发挥出最佳的作用。

(二)法律体系生态转型要注意的问题

结合生态文明的要求，法律体系的生态转型必须做到：

第一，重视法律规范的系统性。在过去，我们比较注重经济的提高速度，但是却没有重视对环境的保护，尽管我们的经济获得了发展，但是却付出了很大的环境代价。

第二，法律是具有极强的规范效应的，不管是各种经济组织还是社会组织等都应该遵循法律的各种条例。同时，对于个人以及政府组织的相关人类行为也应该受到法律的制约。当前由于环境问题所呈现的全国性、区域性、全球性，环境责任追究已超出了传统所认为的个人与企业的范围，而更多的关注评判各国政府环境决策行为、立法行为、执行行为、监督行为。可以说，不从政府决策、执行、监督本身采取措施，就很难实现对环境的有效保护。与之相对应的是，环境保护职责也应打破机关与部门的界限，成为所有国家机关共同担当的职责，更加强调所有国家行政机关在环境保护中的协调配合。

第三，只有整个社会都能意识到法律生态转型的作用，那么其转型才能得到人们的拥护。只有大多数人都参与到这个过程中来，才能让法律的生态转型获得更大的群众参与度，从而提高成效。

第三节　借鉴发达国家生态文明制度创新经验

一、部分发达国家生态文明制度创新经验

(一)美国生态文明制度创新经验

美国的工业化发展速度是非常快的，并且在很长的一段时间里都处于世界强国的位置，但是这种较高的发展速度也给当地的环境带来了很大的损害，使得环境问题频发。早在1940年，美国部分地区就出现了雾霾，同时在洛杉矶也发生了光污染事件。到了1950年左右，由于大规模使用农药，美国还出现了一些人畜患上怪病的情况，农药的污染严重到让白头海雕几乎灭绝。

这些环境问题不仅引起了政府的高度重视，同时美国当地的人民也对环境污染问题日益不满，所以，从政府到民间，有很多企业都加入环境治理的队伍中。经过一段时间的努力，美国大部分地区的空气状况相较之前有了很大的改善，但是也有极个别地区的空气质量没有达到规定的要求。之所以能取得这样的好成效是与美国生态文明制度分不开的。

1. 生态文明立法

在美国，不管是生态文明建设还是生态文明立法等都走在了时代的前列，这是因为美国拥有的生态文明立法体制比较完备。我们可以将其立法简单地分为以下几个时期。

在第一个时期，美国关于保护生态环境的法律并不多，只有一些相关的文件。为了推动荒原保护工作的开展，在1872年，格兰特总统签署了《黄石国家公园法》，这是美国环境立法标志的起点，后来美国又陆续规定了一些其他的法律。

到了第二个时期，出现了很多与环境保护相关的法律条文，并且环境保护法律体系也逐步得到了完善。到了20世纪70年代，随着时代的发展，一些新的法律条文也得以落地实施。除此之外，美国还颁布了一些特殊的法律，从而将那些具有特殊性质的地域以及动植物等也进行了保护，这扩大了法律的保护范围，使得其立法更具有全面性。

1969年，《国家环境政策法》得以落地，这是美国环境立法的标志性法律，在该律法中，强调了美国的环境政策，并将《国家环境政策法》作为环保的基本法。从20世纪70年代开始，美国国会立足于当时的环境污染问题提出了很多相关的法律法规，比如《清洁水法》《国家森林管理法案》等。

2. 政府的激励政策

(1)政府奖励政策

要想切实减少污染，就应该从源头出发对污染进行控制，如果有人创新了当前的生产工艺并能提出一些新的生产技术，从而能有效降低能耗、减少对环境的危害，那么政府就会给其颁发“总统绿色化学挑战奖”。

(2)税收优惠政策

传统的建筑行业对环境的污染是非常大的，如果某些项目在建造的过程中使用了高效节能的设备，那么政府就会给其以一定的税收优惠。

(3)现金补贴政策

美国政府也鼓励民众使用那些低耗节能的家用电器，如果用户购买节能产品，就会享受到一定的补贴。

3. 公众参与政策

在美国，公众参与环境保护事业是被法律允许的。为了鼓励公众多参与，美国对公众参与环保进行了立法。对于公众而言，他们可使用的环保形式是非常多样的，并且在环境保护的进程中，公众也发挥出了很大的作用。在美国，除了科研部门、政府部门之外，公众群体也是环境保护的一大主力。

在参与环境保护的各种队伍中，知名企业的作用是非常重要的。杜邦公司全球有名，并且在美国，其曾经是最大的一个化工企业，但是为了保护当地的环境，该企业也探索业务转型的模式，逐步减少了那些高污染化工产品的生产，并且投入了大量的人力、物力与财力进行高新材料的研发。同时，杜邦公司还非常重视发展循环经济，这种行为显然可以让环境向着更好的方向发展。

(二)德国生态文明制度创新经验

从世界的范围来看，德国开始生态文明建设的时间是比较早的，其生态文明建设也经历了一个逐步发展的过程，并且各项制度也得到了深入发展。

在德国的历史上曾经发生了一次很大的污染事件，那就是莱茵河污染事件。随着德国工业化进程的日益加快，其生态环境遭到了很大的破坏，莱茵河受到了很大的污染，大马哈鱼也一度消失了。经过多年的努力，莱茵河逐步恢复了过去的活力，并且在20世纪90年代，德国的民众又在莱茵河中发现了大马哈鱼的身影。在当下，随着人们环保理念的发展，莱茵河已经得到了充分治理，这使其摆脱了过去高污染的状态，从而让德国的生态文明制度走向了一条新的发展之路。

1. 生态文明立法

从世界的范围来看，德国的循环经济立法是非常显著的，并且也居于世界的首位。早在1935年，德国就开始了循环经济的立法，并且颁布了《自然保护法》，显然，德国非常重视对各种环境资源的保护。后来又制定了很多与循环经济的立法相关的法律，比如《循环经济和废物处置法》《再生能源法》等，正是在这一系列立法的支持下，德国做到了工业发展与环境保护的并重。

2. 绿色经济制度

在各种绿色经济制度中，环境经济制度的地位得到了日益凸显，在德国循环经济的各项内容中，垃圾的循环使用占据了重要地位。随着《包装条例》的出台，德国的各企业都将包装物的回收当作了一项新的、重要的工作任务，并且设定了相关的循环利用目标。在汽车领域，德国制定了《废车限制条例》，明确了汽车制造商回收报废汽车的义务。在德国循环经济的建设中，《循环经济与废弃物管理法》起到了纲领性的作用。各行业的有序运行都会产生一些废弃物，在德国的经济支柱产业中，废弃物的处理又给众多的民众创造了一个新的就业机会。为了推动德国循环经济的发展，德国还制定了一系列相关的配套政策。

3. 政府配套政策

(1)缴纳污水治理费用

德国居民在缴纳水费的同时也会缴纳相关污水治理的费用。对于德国的各市以及州政府等，都必须交纳污水治理的相关费用，如果没有达到治理要求，就需要缴纳巨额的罚款。

(2)多渠道投资环保技术

要想让那些清洁技术得以落地实施，政府就必须投入大量的资金，对于单个的企业来说，要想实现清洁生产所付出的代价是很大的，所以，对于政府而言，可以采取企业集资等方式推动清洁生产的落地。

4. 生态文明观念

一个国家与地区的环境意识的高低显然会影响当地的环境状况。某个国家的环境状况如何显然也会影响到其形象。从世界的范围来看，德国的绿化水平是比较高的，这显然与德国人的绿化意识以及环境意识关系重大。在德国人的相关理念下，他们将森林以及绿化等看成是生活中重要的事情，所以他们在重视大环境的同时还非常重视小的环境。

绿色植物有益于人的身心健康，为了营造出更好的办公环境，德国的一些机构也非常注重打造自己的“绿色办公室”，在不同的办公室中，都有很多的绿色植物，有些甚至成了一种不可或缺的“办公设备”，这些绿色的植物不仅会吸收二氧化碳，而且对于消除噪音等也具有良好的效果。

（三）日本生态文明制度创新经验

到了20世纪60年代，日本的重工业也得到了飞速发展，这使得日本的经济高速发展，并让其一跃进入发达国家的行列，在利润的驱使下，日本将一些环境优美的海岸线转为了工业区，在此种形势下，大量的手工业品被生产了出来，但是与此同时，大量的废水与废弃物也被排到了环境中，这使“公害病”大规模爆发。到了20世纪60年代的末期，日本的东京已经饱受天气污染的困扰。

经过了一段时间的治理，日本的东京已经成了当前空气污染程度比较低的城市，这种改变与生态文明制度的创新是密不可分的。在当下，不管是繁华的都市还是乡村，人们已经就生态保护达成了共识。

1. 法律法规

20世纪50年代左右，污染问题导致了公害事件频发，在核心工业地带，土壤以及水体等都受到了不同程度的污染，在此种形势下，日本政府加强立法，制定了相关的保护措施。

后来，随着日本立法工作的进一步完善，那些更为完备的环境法律体系得以逐步建立。通过分析日本制定的污染物排放标准，可以看出其中的各条目都非常具体与细致。从20世纪60年代开始，日本出现了一系列的污染事件，这也给人们拉响了警钟，在此基础上，一系列的环境立法体系被建立起来，从而为环境的立法打下了坚实的基础。

2. 政府激励政策

（1）奖励回收奖

一些废弃物是可以进行回收再利用的，如果采取统一填埋的处理方式，显然不利于资源的充分利用，日本的废物回收产业比较发达，并且已经取得了显著成效，对于一些回收废旧报纸的行为，政府会给予鼓励。

（2）税收优惠政策

对于那些塑料制品回收设备，政府除了在使用的年限以内进行普通的退税优惠之外，还会进行特别退税。

(3)价格优惠政策

在日本，如果人们要扔掉一些物资是要缴纳一定的费用的。比如对于废弃的家电，他们应该支付相应的费用用于后续环节的处理。当然，政府也会给予民众一定的费用优惠。

(4)金额财政补贴政策

在日本，循环经济的发展也受到了人们的日益关注，政府为了促进这一政策的落实，制定了一系列的资金投入政策，并且从各种制度出发都对循环经济的发展给予了大力支持。

3. 生态文明观念

从20世纪70年代开始，日本全民都加大了对环境保护的认识程度，他们的环保理念得到了不断升华，并且展示出了积极的学习态度。经过了大约十年时间的积淀，日本的环境教育理念得以逐步确立，并且也得到了日益推广。通过分析当前导致日本污染的各种因素，家庭污染占据了重要地位，同时全球规模的环境问题也受到了国际机构的重视。

到了1980年，世界环境教育会议在东京召开，这更加扩大了环境教育的知名度，在此基础上，日本也提出了一些教育的口号，比如"善待环境"等，同时，在各个企业、高校中也广泛开展了环境教育，从而在全国范围内掀起了教育的热潮。日本国会还颁布了《环境基本计划》，从而推动了环境教育的进一步发展。

二、发达国家生态文明制度创新经验带来的启示

(一)现代化建设离不开生态文明制度创新

在开展现代化建设的时候，我们不仅需要进行经济、文化现代化的建设，还需要注重生态文明现代化的建设。我们在开展经济制度创新的同时，还应该注重生态文明制度的创新。对于现代化建设而言，应该是社会总体的现代化建设，我们应该将生态文明现代化放到一个很高的位置，只有生态文明得到同步发展，我们才能实现生态文明制度的现代化。

对于西方的国家而言，其生态文明建设的历史是比较长的，因为在很早的时候他们就已经意识到了生态文明建设的重要性。在西方，有很多的国家

都已经建立了自己的生态文明制度，对于我国来说，也应该效仿他们，逐步推动自己生态文明制度的完善。要想让我们的社会主义现代化之路走得更远，我们就应该提高生态文明制度的建设力度。

在十七大报告中，我们的党和国家领导人第一次提出了生态文明建设的目标。在十八大报告中，国家又将生态文明的建设加入了“五位一体”布局中，从国家战略的角度出发对其进行了布局。

各个国家的生态文明建设之路并不是固定不变的，他们也是在冲破各种阻挠之后重建了当前的制度体系，所以我们也应该多回顾他们建设的历史，从而汲取有用的经验。

(二)政府在生态文明制度创新中发挥特殊作用

对于生态文明的建设而言，其与政府的主导作用密切相关，需要极力发挥出政府的主导作用。政府可以采取多种措施促进生态文明制度的落地，除了为大家制定相关的政策等，还可以利用税收以及各种市场机制逐步完善生态文明建设的管理体制，从而形成权责统一的公共治理结构。

从不同国家当前的情况来看，无论他们处于什么样的国情，拥有何种社会制度，政府都应该发挥出自己的职能，对于这一点，我们都应该进行积极借鉴。当然，不同国家在保护环境时所做出的努力是不同的，但是其都发挥出了积极的作用。

英国是老牌的工业化国家，在环境保护中，英国发挥出了重要的职能，从而在治理空气污染中取得了重要成效。首先，英国政府大胆革新了行政管理机构，从而扭转了其在环境保护中的不利局面，并且从地方到中央都设立了专门的环境保护部门。

英国的中央环境保护部门拥有很多权力，权力的高度集中为相关环境保护政策的制定提供了方便，这使得环境保护的各项措施都能得以顺利落地实施，从而推动环境保护工作尽快步入正轨。在不断完善立法的同时，英国政府在环保行政机构的设置上也投入了很多的精力。

德国所实施的是联邦制，中央层面的立法权是由参议院以及联邦议会共同实施的。德国空气污染治理的良好成效与联邦环境、建筑和核武安全部在中央层面的协调是密不可分的。

各国政府都是人们的公仆，并且应该发挥出公共服务的职能。所以，不论各个国家的国情是怎样的，他们的文化背景是如何的，政府在生态文明制度的创新中依然应该发挥出主导作用。政府并不能以自己的国情或者是制度为由来推卸自己的责任。

在供给环境保护的社会服务职能上，我国还有很大的进步空间，尤其是在生态文明制度的供给上。尽管我国已经逐步步入了生态文明的现代化进程，但是我国的生态文明制度依然无法符合现代化的发展需要，这也阻碍了我们生态文明制度的创新。

(三)根据国情探索适合本国的生态文明创新制度

通过分析不同国家的生态文明制度，我们可以看出其中都蕴含着类似的内容，比如生态文化、政策法规等，但是对于不同的国家而言，其生态文明创新的制度是各不相同的。基于此，不同的国家在设置自己的制度时就应该立足于本国的实践，从实际情况出发，从而不断找寻到符合生态文明制度的形式。

对于大部分发达国家而言，他们都在大力进行生态文化的建设，这样就可以逐步提高民众对生态文明的关注度。比如可以通过扩大宣传效果的方式提高民众的环保意识。对于这一点，我们可以学习日本的做法，日本大阪经常开展一些美丽城市的宣传活动，这样可以逐步提高市民的生态文明意识。对于我们而言，可以多开办一些关于废物回收利用的讲座，逐步提高普通人的环保理念，同时也能让更多的人都拥有较强的生态文明意识。

不同国家的国情是不同的，但是这些不同并没有成为阻碍国家制定生态文明制度的借口，各国还是制定出了符合自己国情的生态文明制度。对于我国而言，在制定生态文明制度的时候也应该立足我们的国情，从生态文明建设的进程以及国家的实际出发，探索出适合我国国情的生态文明制度。

第五章 基于绿色理念的生态文明建设经济路径

当前我国的经济进入了新常态，在开展经济建设的时候我们应该将生态文明的相关理念融入建设的进程中，从而在实现经济增长的过程中也能让环境维持在一个较好的状态下，让普通的民众能生活在一个健康的环境之下，这样才能有力推进美丽中国的建设。

第一节 建立生态产业体系

一、产业结构调整升级是生态文明建设的必由之路

不同产业的发展所需的生产要素是不同的，这就让不同的产业展示出了不同的结构。同时，不同的国家、同一国家的不同地区都会有自己的优势产业，这与当地的自然条件以及劳动力等因素都密切相关。所谓的产业结构升级指的是推动产业结构的高级化发展，从而逐步提高资源的配置效益与产出。

(一)产业结构调整与升级是一个持续的过程

对于某个国家或者地区而言，其经济的发展并不是一成不变的，只要时机成熟，他们都会进行产业结构的调整与升级。在不同的时期，由于国家发

展目标的不同，所以其对不同产业的发展需求也是不同的。在一段时间里，我国经济增长的方式并没有得到改变，通过分析我国当前发展的现状，依然存在一些需要改进的方面，比如我国的资源以及能源等消耗过大，这使得我们的环境遭到了破坏，在此种背景下，我们提出了生态文明建设的目标。

在生态文明建设目标的指引下，转变经济的发展方式就成了摆在我们面前的一个非常重要的问题。为了改变当前高能耗的现状，我们应该逐步找到调整产业结构的方法，从而满足经济发展的转型方式。所以，只有逐步进行产业结构的调整，我们才能找到生态文明建设的新路径。不管是建设生态文明还是实现产业结构的升级，其最终的目标都是为了实现降能减排。

(二)生态文明建设包括经济层面、政治层面、文化层面和社会层面四个层面

1. 重新调整第一、第二、第三产业及其内部诸产业之间的结构

随着我国经济的高速增长，中国三大产业的结构之间出现了明显失调，这就导致了经济发展与环境之间的问题日益凸显。在各产业中，第二产业所占的比重是比较大的，并且最近几年也保持了较高的发展速度，这就增加了环境的承载压力。除此之外，那些能耗较小的第三产业发展相对比较乏力，完全没有展示出如同第二产业的那种发展势头。所以我们就应该逐步调整不同产业的发展步调，逐步推进工业化进程的实施，限制高污染行业的发展。

2. 大力发展循环经济

地球上的能源以及资源等都是有限的，要想让人类获得可持续性的发展，就应该大力倡导能源节约的重要性，从而改变传统的能源模式，让节能的理念更为深入人心。我们还应该大力推进节能资源的使用，大力开发清洁能源，构建出合理的体系使用能源，这样就能逐步提高能源的使用效率，从而逐步建立起环境友好型社会。

3. 实施清洁生产

要想实现清洁生产的目标，就应该从两方面做出努力。其一，在整个的生产过程中，我们应该做到资源的节约与利用，将那些排放物降到最低；其二，在生产的时候应该尽可能地缩短生产的周期，从而避免过多工序导致的环境污染。

对于清洁生产，其本质特征就是“预防污染”，该种生产方式适合多种不同的产业。在传统的生产模式下，我们仅仅重视物质的生产，但是却忽略了生态环境保护的方式。要想让当前的方式得到改变，我们就应该逐步加强对清洁生产的教育，从而让人们逐步改变当前的观念，让清洁生产的理念逐步深入人心，从而让更多的人切实做到预防污染。

人类的发展进程中面临着很多的问题，其中能源紧缺、环境污染对我们生活与生产的影响是最大的。那么我们就应该以生态文明建设为契机，逐步推动原有产业结构的升级。

二、以节能降耗推动产业结构升级

我们全面建成小康社会的道路并不是平坦的，而是有很多的坎坷，其中有两方面的因素制约着我们的发展。其一，我国的资源数量非常多，但是我们的人口也是很多的，所以平均下来，我们的人均资源占有量并不高；其二，在相当长的一段时间里，我们所走的都是一条高发展、高污染的道路，尽管我们的经济得到了快速增长，但是我们的环境却遭到了破坏。所以，为了促进产业结构的升级，我们首先应该确定好节能减排的目标，并将其作为一项基本国策去落实。

(一)加快淘汰落后生产能力，降低高耗能产业比重，推进产业结构优化升级

在节能降耗的过程中，有一项非常重要的举措那就是将落后的产能逐步淘汰掉，只有这样我们才能顺利实现产业结构的升级。

1. 对于那些与政策不符的高耗能产业，应该加快其自身产业结构的调整步伐，逐步让产业布局得以优化。

2. 在当前的形势下，煤焦钢铁业对环境所造成的影响是非常大的，我们应该逐步改善当前的工艺水平，从而推进传统产业的升级。

3. 逐步提高新技术产业的发展速度。

4. 对于那些高能耗的项目，应该实施严格的审批程序，逐步提高相关的能耗标准以及准入门槛，这样才能推动传统行业的升级，让更多的企业加入新的节能项目中。

(二)加大科技创新力度，着力推进企业技术进步

从宏观的角度出发，我国的能源组织部门应该切实发挥出自己的作用，将一些先进的节能技术在企业中推广开来。

从企业自身的层面出发，他们应该注重以下三个方面的问题：(1)自身应该积极进行产业结构的调整，同时，也应该将那些合适的新技术引进企业；(2)应该重视循环经济的重要作用，在各个生产工序中，都应该遵循节能减排的准则；(3)企业应该重视管理，由于节能减排是一项非常重要的衡量指标，所以企业就应该将其纳入管理中来，从而逐步构建起良好的资源节约机制。

(三)积极开发引进多种能源，优化用能结构

国家应该大力开发新能源，在一些多风的地区，很多的风力发电设备都被建立起来，这从侧面上体现出我国发展新能源的信心。同时，对于太阳能、地热能等新能源也应该引起我们的重视。对于具备相关条件的城市，国家可以鼓励他们实施垃圾发电，从而实现资源的有效利用。

(四)建立节能扶持激励机制

1. 采用价格策略

国家可以制定相关的政策，降低新能源产品的使用价格，这样，对于高成本的能源制造者就会造成一些压力，迫使他们积极进行产业结构的调整与创新，从而吸引消费者。

2. 采用税收机制

可以通过建立灵活的税收机制制约企业的行为。对那些生产清洁能源的企业，可以给予一定的税收政策减免，并且可以制定一些奖励措施；对于那些高耗能产业而言，应该多缴纳税款，从而促进其自身的改革。

3. 实施资金支持

对于那些重点的节能项目，国家可以提高其信贷的数额，降低其信贷的难度，在此种背景下，这些企业就可以逐步推进节能降耗工艺的进一步发展，从而让节能工作得以大面积推广。

(五)加大宣传力度，推广节能典型

1. 开展宣传活动

国家可以通过各种措施动员社会上的各种力量加入节能减排的活动中来，

比如开展节能家电下乡、宣传节能交通工具等措施，让更多的人都能了解到使用节能商品的好处。

2. 开展节能示范活动

国家可以在企业中开展一些降低能耗的活动，在不同的行业中都可以树立一个良好的节能典型，从而组织相关人员参观学习。

(六)强化监管，建立节能目标责任制和干部评价考核体系

1. 加强巡查，定期公布节能结果。

2. 加强对重点能耗企业的监督，如果发现有不合理的地方，应立刻督促整改。

3. 将节能减排目标落实到年度考核体系中，并且将其与官员的升职等挂钩，从而激发其工作的积极性。

三、建立以环保产业为基础的绿色产业体系

从本质上来说，生态文明的产业结构是一种绿色产业结构，所以在实施节能减排的基础上，还应该逐步发展逆向产业体系。所谓的逆向产业指的是那些与再生产服务相关的产业。可以看出，环保产业显然符合逆向产业的特点，不管是污染的治理还是生态的修复都是逆向的。

经过几十年的发展，我国的环保产业已经得到了快速发展，并且总体的规模也越来越大，其产业的领域得到了逐步拓展，并且其整体水平也得到了进一步提高，不管是经济的运行质量还是效益都得到了快速提高。显然，环保产业在我国的经济结构中已经占据了非常重要的地位。

但是，从世界范围来看，我国环保产业的核心竞争力并不高，一些核心的技术与发达国家之间的差距依然不小。我们的环境服务依然处于起步的阶段，并且规模也很小，明显无法满足当前环境保护工作的需求；并且在为循环经济提供技术支持等方面依然存在很多的问题。

(一)完善政策制度体系建设，加强对环保产业的指导

当前的环保产业要想得到进一步发展，就必须借助相关产业发展战略的支持。我国应该将环境要素放在重要位置，同时让那些高污染的企业遵循环保产品生产标准，通过相关政策的引导，让他们能逐步掌握先进的生产技术，

从而淘汰落后的产能。

（二）加快环境科技创新，提升环保技术水平

国家在创建新的技术创新体系的时候应该遵循以市场为主体的原则。对于各种环保项目，应该对其实施新的财税以及金融政策，从而促进具有知识产权的新的环保技术的产生。可以通过优化环保的各种技术，让大量的环保产品可以生产出来。对于我国国内依然处于空白的产品，我们应该多与世界发达国家学习，只有这样才能将那些能耗高的生产技术与产品逐步淘汰掉。

（三）加大投入力度，创建多元化的产业投资环境

各级政府都应该加强对环保产业的投资力度，从而让投资的渠道得以逐步拓宽，与此同时，还应该逐步建立起与市场机制相适宜的投资机制，这样就可以提高社会投入环保产业的积极性。对于那些有条件的企业，可以让其采用灵活的方式进行融资。

（四）大力发展环境服务业，加快环境服务业市场化、产业化进程

环境咨询服务对于环境服务业的发展也是非常重要的，国家也应该制定一些相关的政策措施，促进环境服务业的发展，这样就可以让环境污染治理设施运营业获得新的发展。

在传统的模式下，环保产业服务业是处于垄断经营的状态，国家应该多引入竞争的机制，让不同的服务企业之间可以得到完美组合，同时还应该逐步推动环保产业服务体系的进一步完善，从而为其发展提供多方位的服务。

第二节　发展绿色经济

一、绿色经济的内涵

倘若用一种颜色描绘生命，那必然是绿色，绿色象征着勃勃生机，是一切生命繁荣发展的表征。所谓绿色发展，是基于尊重生命的一种发展模式，其具有三个鲜明的特点——资源节约、环境友好、生态保育，由此可以看出，绿色发展是将可持续作为重要支柱的一种发展模式。

除了特点方面，对绿色发展的理解还可以从其内在要素、目标以及内容和途径入手。首先，绿色发展建立在对环境资源的合理利用上，环境资源必然应当作为绿色发展的内在要素；其次，经济、社会、环境三者具有非常密切的关系，实现这三者间的和谐统一与可持续发展是绿色发展的主要目标；最后，经济活动的开展固然要追求经济效益，但在这个过程中，“绿色化”“生态化”也应当成为重要衡量标准，应以此优化经济活动，所以“绿色化”“生态化”便是绿色发展的重要内容与必要途径。

伴随着人类现代文明的发展，传统的以经济效益为主要关注点的发展模式逐渐被淘汰，在各种高新技术的支撑下，绿色经济悄然兴起，并呈现出不可阻挡的趋势。发展绿色经济不但有利于人与自然的和谐相处，而且能够促进经济活动的健康发展，是一种生态化的市场经济发展模式。在新的时期背景下，绿色经济兼顾了自然的资源价值与生态价值，在确保自然再生产的同时，实现经济再生产，这样的良性模式值得被推广并发展下去。

二、绿色经济的特征

(一)以人为本

经济的发展最终是为了促进人的全面发展，绿色经济就始终围绕着人，其一系列经济活动的开展都体现着以人为本。人与自然具有平等的地位，自然从来都不是人的从属物，人对自然资源的利用、对自然环境的改造都应该建立在尊重自然发展规律之上，否则，人与自然之间的和谐状态就会被打破，自然环境日益恶化，人的全面健康发展也就无从谈起。绿色经济强调人的生存价值的实现，这种价值可以通过人的物质占有能力和规模表现出来，但绝不能成为唯一的表现方式，经济层面的 GDP 或者利润最大化仅仅是一方面，人类应该实现更全面的发展。

(二)注重生态环境容量和资源承载能力

绿色经济的发展有其刚性约束条件，即生态环境容量和资源承载能力。社会中的一切经济活动都发生在相应的环境中，绿色经济同样如此，生态环境容量和资源承载能力对绿色经济的发展来说就是不可变更的前提，基于这样的认识才能开展各种各样的绿色经济活动，同时不对整个生态环境系统的正常运行产生负面影响。

自然环境资源是一个大系统，它不从属于经济系统，反而将经济发展纳入其中。经济发展必须在自然环境资源大系统之下进行，才能取得可持续性的成果。当然，环境资源本身也是经济发展的内在变量，但更是经济发展的上位因素，经济发展必须遵从环境资源的客观现状，接受环境资源的约束。

(三)强调可持续性发展

不论在传统社会还是现代社会，生存与发展都是人类需要永恒思考的问题，要想实现高质量的生存与可持续的发展，就必须尊重自然的发展规律，在利用自然资源和改造自然环境时把握好“度”。对于经济发展来说，可持续性是必须实现的，因为经济发展不仅针对当代人，而且与后代人息息相关，如果一味追求经济的突飞猛进，而忽视了自然环境的可承受力，就会对自然生态造成极大的损害，人类的发展也必然会走到尽头。所以，人类必须推行绿色经济，将可持续性发展作为经济活动的指导理念，在保护自然的同时实现生产技术的创新、生产方式的变革、消费方式的升级。

(四)新的经济发展形态

在一定的历史时期内，传统的工业经济发展形态为我国的经济进步做出了贡献，但随着社会的发展、新时期的到来，这种对自然环境伤害较大的经济发展形态逐渐退出了舞台，一种新的约束于生态环境容量和资源承载力之下的经济发展形态得以诞生，即绿色经济。作为新的经济发展形态，其实现了经济活动全过程的变革，包括生产、消费、交换等，有利于经济、社会、环境的和谐相处。

三、绿色经济建设的内容

无论是经济发展、科技发展、文化发展还是城镇发展，生态建设的最终落脚点都是“人”，离开“人”这个中心，一切的发展都将是无意义的。所以绿色经济建设的最终目的，是以人的健康为根本，以可持续发展为方向，这就必须要解决好人与自然的和谐共生问题。人类进行发展活动必须尊重自然、顺应自然、保护自然，否则就会遭到大自然的报复，这个规律谁也无法阻止。

人必须要实现与环境的友好相处，才能推动经济活动的进一步发展。强调绿色经济，实际上就是寻求一种低能耗与低物耗的经济发展方式，从而尽量减小对自然的伤害，同时满足人类经济发展的需求。

从人类生存与国家发展上分析，只有保护绿色生态，保护好环境，才能有效支撑企业经济，支撑环境经济，支撑人的健康发展，才能保障一切经济社会的稳定发展，而保护生态环境就必须进行环境保护、进行节能减排，这是守住生态与发展两条底线的重要法宝，也是保障人类健康发展的重要法宝。既然绿色是生命、是健康、是希望，发展绿色经济就必须高度重视以下发展。

（一）节约发展

节约是中华民族的传统美德，现代人也必须要以节约的态度对待资源，因为这些资源是人们生产和生活的基础，是国民经济发展的保障。从可再生性的角度而言，资源被划分为可再生资源和不可再生资源，经济活动对资源的利用要建立在资源的可再生性之上，对可再生资源的利用不能超过其可再生速率，即确保利用与再生之间的平衡，对于不可再生资源首先要明确是否产生了相应的替代技术，其次将资源利用控制在技术替代周期内。或许有人存在这样的疑问：我国资源蕴藏量巨大，为何还要节约资源？答案显而易见。我国属于人口大国，虽然资源总量极其丰富，但人均占有量远不及世界平均水平，如果不节约资源，就会造成资源短缺甚至枯竭。

坚持节约资源、集约化利用资源是建设资源节约型社会的必然要求，更是建设生态文明的基础。绿色经济所倡导的节约发展直接指向的就是资源节约型社会的构建和生态文明社会的形成。节约是一种良好品德，也是天然的财富，懂得节约的社会无论如何也不会陷入绝对贫困之中。为了实现节约发展，就要制定各种政策鼓励人们集约化利用资源，鼓励科研人员创新节约资源的科技，进而确保资源始终处于较为充足的状态，以造福子孙后代。

（二）循环发展

传统经济的弊端主要表现为高开采、高利用、高排放，这显然与当前社会倡导的可持续发展理念相背离，资源的过度开采与利用、生产废物的过量排放，必然会对自然生态造成严重破坏，最终影响的是人类社会的发展。与传统经济不同，循环经济力求实现减量化、循环化与资源化，从而使经济社会获得资源节约与污染减少的双赢。需要注意的是，人们生产和生活中产生的废物也是资源，只要采取合理的方式将其加以利用，它们也能发挥出巨大价值。从社会发展层面看，循环经济主要针对的是经济领域，不免具有一定局限性，为此，党中央提出了循环发展的理念，倡导从更广阔的视角实现整个社会的循环发展。尤其是在资源日益短缺、环境污染日益加剧的今天，循环发展更应该得到人们的重视，并切实践行起来。

坚持循环发展，就是要形成“吃干用净”的思想，即将资源最大化利用，同时产生最少量的废弃物，这样才能提高经济发展效益，优化经济发展质量。显然，循环发展正是绿色经济的题中之义，只有推动循环发展，才能实现绿色经济。

(三)低碳发展

低碳经济发展的实质是以低碳技术为核心，以低碳产业为支撑，以低碳政策制度为保障，通过创新低碳管理模式并发展低碳文化实现社会发展低碳化的经济发展方式。其根本目的是促进人与自然的和谐，保障经济社会的可持续发展。

在当前的社会建设中，发展低碳经济无疑是一个功在千秋的正确选择。基于低碳经济的发展框架，经济产业结构得以优化，自然环境也得到了良好保护，同时也显示了我国所肩负的生态责任，这也是一个大国的必然担当。

低碳发展是一种以低耗能、低污染、低排放为特征的可持续发展模式，低碳发展是“低碳”与“发展”的有机结合，一方面要降低二氧化碳排放，另一方面要实现经济社会发展。低碳发展并非一味地降低二氧化碳排放，而是要通过技术创新、制度创新、产业转型、新能源开发等多种手段，尽可能地减少高碳能源消耗，减少温室气体排放，达到经济社会发展与生态环境保护双赢的一种经济发展形态和新的经济发展模式。这就要求戒除以高耗能源为代价的“便利消费”嗜好，戒除使用“一次性”用品的消费嗜好，戒除以大量消耗能源、大量排放温室气体为代价的“面子消费”“奢侈消费”的嗜好，全面实现以低碳饮食为主导的科学膳食平衡。

(四)清洁发展

人类的生产与生活要在一定的空间中进行，生产与生活制造的废物也要排放在一定的场地中，这里的空间与场地就是环境，人类无论如何也无法脱离环境而存在。随着人类社会的发展，人类对自然资源的利用、对自然环境的改造远远超过了其生态阈值，环境污染问题浮出水面，成为人类不得不面对并解决的事情。由此，人类必须选择更为环保的清洁发展模式。我国为了弥补在快速工业化与农业科技化过程中造成的严重环境污染，采取了两方面的措施，一是倡导能源开发的清洁替代，二是倡导能源消费的电能替代，从而推动清洁发展。正是因为看到了环境污染对社会发展的巨大显性及潜藏危害，清洁发展才被提出，从其对环境污染的治理、对废物的无害化与资源化利用等可以看出，其与狭义上的绿色经济理念具有契合性。

面对严重的环境污染，我国已经将环境保护制定为基本国策，要想实现整个国家的可持续发展，就必须加大环境治理的力度，通过各种法规、政策、制度等推动清洁发展，让空气更为清新、水源更加清澈、土壤更为肥沃。显然，清洁发展是绿色发展、绿色经济建设的题中之义，也是实现绿色经济、绿色中国的基础，无论是农村还是城市、企业还是工厂、家庭还是单位、个人还是集体，都要做好清洁生产、清洁生活、清洁环保，这既是绿色经济发展的必然，更是健康发展的要求。为此，我们在推动传统能源清洁利用、发展清洁能源的同时，必须创新清洁生产与生活的理念，加大清洁生产审核的力度，为绿色经济、“绿色化”产业发展保驾护航。

(五)安全发展

在科学技术革命迅速发展和全球化不断扩展的情况下，人类社会已进入风险社会，安全发展的重要性就日渐突出了。在我国，早在“十一五”规划就提出了安全发展的科学理念，党的十九大进一步强化并完善了生产安全的重要性。尽管安全发展主要突出的是生产安全的重要性，但是，也包括生态安全、经济安全、生活安全以及生命安全等其他方面的安全。

生态安全主要指的是要维护并保持生态系统的完整性、多样性和稳定性。为了实现中华民族的永续发展并维护全球的生态安全，为了有效避免生态风险，我们必须高度重视生态安全，要将全部国土(全部的领土、领海、领空)作为一个完整的生态系统来进行规划和管理，切实维护生物和生态的多样性，有效预防外来物种入侵，不断扩大绿色生态空间比重，大力增强水源涵养能力和环境容量，构建科学而合理的生态安全格局。显然，安全发展既是实现绿色发展的外部条件，也是实现绿色发展的内在要求，更是绿色经济发展的唯一条件。如果没了绿色，只剩下“黑色”“白色”“黄色”，不仅世界缺了色彩，而且必将造成生命的枯竭。

(六)均衡发展

当前，全球面临着经济衰退、能源和其他资源安全受到威胁、生态失衡、环境恶化的严峻挑战。21世纪是经济可持续发展的世纪，以生态经济为基础、以知识经济为主导的绿色经济，将是21世纪可持续发展模式和新的经济形势，是未来经济的主力引擎。我国经过40多年的改革开放，已发展成为世界第二大经济体，但长期以来“高投入、高消耗、高污染、低效益”的经济发展方式已不可持续，因此转变经济发展方式，走绿色经济发展之路是我国经济可持续发展的必然选择。

走绿色经济发展之路必须要实现人口与生态、经济与资源、环境与效益、数量与质量、开发与保护、建设与享受等相对均衡发展。对此，我们要坚决摒弃损害甚至破坏生态环境的发展模式，坚决摒弃以牺牲生态环境换取一时、一地经济增长的做法，让良好的生态环境成为人民生活的增长点，成为经济社会持续健康发展的支撑点，成为展现我国良好形象的发力点，让中华大地天更蓝、山更绿、水更清、环境更优美。

四、建立绿色经济体系的路径

绿色经济体系是现代化经济体系的重要组成部分，其核心目标是形成人与自然和谐发展的现代化建设新格局。建设绿色经济体系是一项系统工程，需要统筹考虑、扎实推进，通过科学规划、制度保障实现可持续发展。应抓住经济全球化向纵深发展和第三次工业革命的机遇，发挥“后发优势”，以全球视野和超前思维迎接挑战，创新发展动力，完善制度，加大执行力度，实现经济社会的可持续发展。

(一)完善生态文明法律法规，创新绿色发展体制机制

一是健全生态文明建设的法规体系，加强法治建设。修订现有法律法规，清理与生态文明建设冲突的法规和条款，解决不同法律之间相互冲突、脱节、重复、罚则偏软等问题。把我国改革发展过程中形成的有效措施和有益经验上升为法律。建立严格的监管制度，建立健全国家监察、地方监管、单位负责的权威、高效、协调的监管体系。加强法律监督、行政监察、舆论监督和公众监督。加大违法行为查处力度，解决有法不依、违法不究、执法不严以及"违法成本低、守法成本高"的问题。

二是加快推动体制机制创新。宏观经济管理部门应强化绿色职能，弱化经济职能，将市场能办的事情还给市场、社会能办的事情还给社会团体，解决政府越位、缺位、错位问题，从重点管项目、管投资向强化绿色发展职能转变；深化投资体制改革，调整和规范中央与地方、地方各级政府间的关系，建立健全与事权相匹配的财政体制。

三是充分发挥市场机制，加快合同能源管理，水权、矿业权、排污权和碳排放权交易等试点工作，建立健全污染减排长效机制，完善环境资源价格形成机制，盘活污染物总量指标，促进经济与环境协调发展；建立健全配套政策和制度，加强政府和社会监管，达到市场手段的预期效果。

(二)推进绿色技术和金融创新，建设绿色经济政策体系

绿色技术和绿色金融是驱动绿色发展得以实现的"双轮"。一方面，要构建市场导向的绿色技术创新体系。充分发挥市场在绿色技术创新、路线选择及创新资源配置中的决定性作用，强化企业绿色技术创新的主体地位，强化绿色技术创新人才培养。更好地发挥政府的引导、服务和支持作用，建设一批绿色技术创新公共平台，促进绿色科技资源共享；强化标准引领，推进绿色技术标准、绿色产业目录的制定与完善；健全完善政府绿色采购制度，引导和放大绿色创新技术成果运用空间。另一方面，要大力发展绿色金融体系。从硅谷的经验来看，金融对新兴技术产业的孕育、发展、壮大发挥了极为关键的外部作用。绿色金融是绿色技术创新和绿色产业发展的桥梁，要完善绿色信贷、绿色债券、绿色基金、绿色保险的相关政策，出台各项配套政策支持体系，统一绿色金融标准体系，建立多层次的绿色金融市场组织体系，丰富绿色金融产品体系，完善与规范绿色金融监管体系，建立绿色金融统计信息数据库，健全环境信息披露制度，优化绿色金融发展环境，明确和强化金融企业的环境责任，引导社会资金向绿色技术和绿色产业集聚，充分发挥金

融服务绿色发展的作用。

绿色经济政策体系从根本上为我国经济社会发展的绿色转型提供了至关重要的基础保障。

一是完善经济政策，积极实施促进主体功能区建设的财税、投资、金融、产业、土地等政策，加大对农产品主产区、中西部地区、贫困地区、重点生态功能区、自然保护区等的公共财政转移支付力度，增强限制开发和禁止开发区域的政府公共服务保障能力。

二是增加对绿色产业的政策扶持，支持鼓励类产业加快发展，控制限制类产业的生产能力，加快淘汰落后产能，积极推进国家重大生产力布局规划内的资源保障、项目实施，消除实践中存在的政策障碍。

三是深化价格和收费政策改革，重点解决资源性产品的价格改革问题，建立反映市场供求关系、稀缺程度和环境损害成本的价格形成机制。推行用电阶梯价格，实行惩罚性价格。完善城镇生活污水、垃圾处理收费政策，保证环保设施正常运行。全面推行燃煤发电机组脱硫、脱硝电价政策。

四是建立更加绿色友好的财税政策，针对符合绿色低碳循环发展理念的经济活动，实施“以奖促治”政策，继续实施节能节水环保设备、资源综合利用税收优惠政策。

第三节 发展循环经济

一、循环经济的概念

循环经济是一种有利于经济可持续发展的经济活动过程，要想准确理解循环经济的概念，需要从以下四个基本要求入手。

首先是符合生态经济的要求，即循环经济所涉及的一切经济活动都必须以清洁生产为要求，凡是达不到清洁生产标准的经济活动都严令禁止；其次是符合“3R”原则的要求，即按照减量化、再利用、资源化三个原则开展经济活动；再次是综合利用的要求，循环经济所要实现的不仅是对物质资源的合理利用，还包括对其废弃物的利用，对二者的单方面或者部分利用都不是循环经济；最后是以经济为重点的要求，循环只是经济发展的一种形式，其落脚点与重心还是经济。

在循环经济中，需要考虑的最为重要的问题就是经济效益，即在实现了传统经济运行方式变革的同时，能否确保经济效益不受到妨碍，甚至能够有所增长，这就是人们所追求的"资源产品再生资源"的经济过程，是一种对人类社会经济发展有所助益的模式。经济学与生态学是循环经济的指导思想，它们揭示着循环经济运行中所要遵循的规律，所以，循环经济在本质上是生态经济，是再生产的经济。

循环经济所涵盖的资源范畴非常广，除了一般意义上的自然资源，还包括类型丰富的再生资源；除了生产生活中利用较多的化石能源，还包括风能、地热能、生物质能等绿色能源。人类在开展经济活动的过程中，必须注重对资源的节约，同时积极推行清洁生产，并实现资源的综合利用，这才是循环经济所强调的。

二、循环经济的"3R"原则

任何经济活动都要遵循一定的原则，这样才能确保经济运行效果。在发展循环经济时，则要遵循"3R"原则——减量化(Reducing)原则、再利用(Reusing)原则、资源化(Recycling)原则。

(一)减量化原则

所谓减量化，就是最大限度地减小经济活动中资源的投入量，以最少的资源撬动最大的效益。资源处于经济活动的输入端，是经济活动产生效益的根本，传统经济发展模式中的资源优化利用方式主要表现为末端技术处理，在循环经济中，从输入端就开始重视资源的减量利用，通过产品的清洁生产达到对不可再生资源的最小化利用，同时控制废弃物的产生，并以各种优化举措控制废弃物的排放。在这个过程中，生产者和消费者是两个重要主体，一方面生产者要以减量化原则要求自身，做到产品原料的减量化投入，另一方面消费者要尽量选择循环耐用的产品，减少废弃物，降低环境污染。

(二)再利用原则

再利用原则主要针对废弃物的利用。在经济活动中，废弃物的产生是必然现象，如何将废弃物实现最大化利用，是循环经济致力于解决的问题。针对消费者层面，循环经济提出了过程延续的方法，即把消费者产品利用的过程大大延长，如丰富产品使用方式、增加产品使用次数等；针对生产者层面，则采取加大产品与废弃物转化周期的方法，促使资源使用效率的最大化。

(三)资源化原则

资源化原则强调对资源的最大程度利用以及把废弃物当作资源加以利用，这样既可以实现对资源的开发式良性利用，也可以促进废弃物的多级资源化利用，是循环经济所要遵循的一项重要原则。

三、循环经济的特点和优势

循环经济是一种生态经济，其经济运行过程中的生产、消费以及废物处理都要按照生态规律进行，这是其与传统经济最大的不同。以下即从三个方面对循环经济的特点和优势展开分析。

(一)循环经济的实施是为了减小人类经济活动对生态环境的破坏，从而在保护生态环境的基础上获得经济效益，在这个过程中，资源和能源利用率的提高，废弃物排放的减少是两个关键点。纵观传统经济发展模式，单向性是其显著特点，即从资源到产品再到污染排放是一个单向的过程，与此过程相对应的便是人类对自然资源和能源的高强度开采与利用，同时还包括生产与消费过程中废弃物的大量排放，这无疑造成了环境的严重污染与破坏。基于此，粗放与一次性的资源利用方式必须被加以改变。根据循环经济，经济活动的整个过程应该是“资源—产品—再生资源—再生产品”，不仅应减小对自然资源与能源的开采与利用强度，而且使废弃物尽量少地产生，甚至不产生，这样才有利于实现社会的可持续发展。

(二)循环经济在实现经济高质量增长的同时，还促进了社会的有序发展和环境的良性发展，可谓达成了社会、经济、环境三者的共赢。事物之间存在普遍的联系，传统经济却没有意识到这一点，仅仅把经济发展视作资源变为废物的过程，这个过程产生的经济效益就是对传统经济的最大肯定。但作为一个系统化的经济结构，其内部各产业之间是有机联系的，并且经济系统本身也和自然生态系统密切相关，无视这些联系而开展经济活动，必然不利于社会与自然的和谐发展。实践证明，这种高开采、高消耗、高排放、低利用的落后模式对社会经济、自然环境等多方面造成了损害。循环经济始终把人与自然的关系放在重要位置，力求把经济增长从原本的依靠大量自然资源消耗，转变为依靠较少资源的质量型方式，即在生态视域下拓宽资源的利用渠道，以可持续性为准则拉动经济发展。与此同时，循环经济还促成了许多新型产业，进而为更多人提供了就业机会，社会的经济发展也呈现出繁荣的态势。

(三)循环经济强调物质生产与消费的相关性，任何将二者割裂开来的经济模式都将不利于社会的可持续发展。生产与消费是经济活动的两个重要组成部分，如何将二者有机地联系起来是循环经济探索的问题。目前，部分发达国家已经实现了生产和消费的有机联系，这种联系主要渗透于三个层面：一是企业内部，即倡导企业实现清洁生产，并加强对资源的循环利用；二是企业间或产业间，不同企业或产业共同构成了社会的工业网络，因而需将生产与消费统一起来促成工业网络的生态化；三是着眼于区域和整个社会，建立高效的废物回收系统、完善的废物再利用体系。

四、加快发展循环经济的主要措施

循环经济的发展需要一系列措施的推动，如转变原有的观念、以科学发展观引领经济发展；再如转变“三高一低”的资源利用方式，让经济发展实现质的飞跃；又如依靠技术与制度的创新，为经济发展创造良好环境。下面将从六个视角入手，对加快发展循环经济的有力举措进行分析。

(一)转变观念

生态环境的日益恶化警示人们，传统的经济发展思路与模式是行不通的，其只能促进社会的短期发展，却不利于社会的长期可持续发展。所以，要从观念的转变开始，大力发展循环经济。坚持以人为本，正确看待物质财富增长与经济发展的关系，明确经济增长不等同于社会发展这一客观现实，最为重要的是改变对待自然的态度，单纯地利用与征服自然是错误的，应当尊重自然，保护自然，与自然和谐相处。

要充分认识到，资源和环境对经济增长具有两方面的作用。一方面，资源和环境可以为经济增长提供必要的保障，成为经济增长的助推力量；另一方面，资源和环境会对经济增长形成约束，一旦人类对资源的利用、对环境的改造超过了生态阈限，经济增长就会被制约。所以说，经济增长是建立在资源和环境之上，只有充分重视资源和环境的作用，减小资源开发力度，提升经济发展效益，才能真正推动经济社会的前进。

（二）调整结构

当前的经济结构存在诸多不合理之处，按照循环经济的发展理念，必须对经济结构加以调整，主要包括产业结构、产品结构以及能源消费结构。面对亟待振兴的传统工业，必须加快高新技术的研发与应用，将那些高耗能、高污染的生产技术淘汰掉，加速新型工业的发展。除了对传统工业的改造，还要致力于对新的开发区的建设，在循环经济理念的指导下，对开发区的土地、能源、水资源等加以科学合理的利用，并严格按照要求排放污染物与废弃物，形成资源循环利用的链条，在控制生产成本的基础上，获得最大化的经济效益。

（三）完善政策

循环经济的发展离不开政策支持，创设良好的循环经济发展环境，对进一步优化现有经济发展模式大有裨益。首先，调整投资政策，让循环经济获得更多的资金支持，促使更多市场主体积极发展循环经济；其次，优化价格政策，通过一系列价格改革措施，为循环经济的发展提供更优惠的价格政策；再次，完善财税政策，循环经济的发展需要强有力的财税政策保障，财税政策的完善有利于激发循环经济的发展活力，促使循环经济逐渐壮大起来；最后，深化企业改革，企业是循环经济的参与者，为了与循环经济的发展要求相适应，企业组织结构应当有所变化，即由先前的单向生产转变为循环生产，增强各个环节的关联性，建立起生态化的产业网络，为循环经济的发展打下坚实基础。

（四）依靠科技

科学技术对社会发展具有强大的推动作用，在循环经济的发展中，科学技术同样不可或缺，只有在科学技术层面有所突破，循环经济才能在发展的瓶颈中突破出来，成为现代经济发展的重要模式。具体而言，要重点研究具有普遍推广意义的资源节约与替代技术，实现最少量的资源利用，最大化的经济收益。在生产环节，还要做到产业链的延长，从而让资源充分发挥作用，也创造更多的就业机会。与此同时，“零排放”技术能够减少乃至避免废弃物的产生，这既是对资源最大程度的利用，也缓解了环境污染，保护了自然生态。另外，积极将有关循环经济发展的先进技术向社会公布，让各经济主体有渠道了解这些技术，进而在各自的经济活动中应用这些技术。如果市场中的经济主体对循环发展的先进技术存有疑惑，那么相应的技术服务中心就要为其提供咨询服务，帮助他们深入了解技术的原理、作用。当前，一些发达国家已经研究出了可行的循环经济发展技术，我国在积极探索新技术的过程中，可以借鉴国外的经验，完善自己的技术与装备。

(五)强化管理

这里所说的强化管理主要针对企业，因为企业是经济活动的主体，经济活动中涉及的资源消耗、废弃物产生等都是企业造成的，所以强化对企业的资源环境管理非常必要。作为企业，虽然追求经济利益是其第一目标，这也是其商业属性决定的，但必须要兼顾生态环境，以一定的环境目标要求自身，在不造成环境污染的前提下完成经济目标。例如，企业管理者将节约资源确定为企业发展的基本要求，将资源消耗定额管理、生产成本管理等作为企业管理的重要内容，加之恰当的激励与约束制度，调动员工节约降耗的积极性，激发他们综合利用资源的潜能，从而推动循环经济在企业发展中的落实。

(六)加强领导

加快循环经济的发展，需要专门的机构和人员加以领导。各级政府及部门首先应该将循环经济列入经济发展规划之中，明确循环经济的重要地位，建立相应的工作机制；其次，要加强与环保、农业、财政、科技等部门的合作，让他们成为循环经济发展的推动力量；最后，要切切实实制定出推进循环经济发展的政策和措施，为市场经济主体落实循环经济提供清晰的指导。

第四节　发展低碳经济

一、低碳经济的定义

低碳经济是一种倡导低碳消费方式的经济发展模式。在低碳经济中，处于核心地位的是低碳能源技术，在此基础上，低碳能源系统、产业结构、技术体系相应建立。推行低碳经济，不仅能实现污染物的低碳排放，还能从根本上促进能源的低碳消耗，以低碳经济为中心打造的经济系统，优化了企业的经济活动，也促使人民群众的生活朝着更好的方向发展。

对低碳经济的理解可以从狭义、广义、最广义三个层面入手。

(一)狭义的视角

伴随着人类生存发展观念的转变，越来越多的新型经济发展模式得以产生，低碳经济就是从低能耗、低污染、低排放这三个切入点衍生出的经济模式。低碳经济主张节能减排，实现能源利用效率的提高以及清洁结构的优化，这样的经济发展模式，必然有利于缓和人与自然的关系，让人类的经济活动与自然的生态发展共生。

(二)广义的视角

低碳经济主要包括两方面的内容，其中低碳是最为主要的，也就是严格控制经济活动的二氧化碳排放量，并切实减少其排放量；另外一方面是碳汇，即二氧化碳的汇总收集，通过各种有效措施将先前排放到大气中的二氧化碳重新收集，减轻对环境的污染。

(三)最广义的视角

低碳经济不仅是一种经济发展模式，更是保护地球环境的重要举措。人类经济活动对大自然造成了许多负面影响，尤其是加剧了温室效应，这一切的源头就是二氧化碳的过量排放。追求低碳经济，才能将温室效应控制住，才能使地球环境得到改善。

二、发展低碳经济的意义与作用

新时期我国的经济发展水平有了极大提高，人民生活愈发富足，在这种背景下环境保护愈显重要，坚持发展低碳经济，就是对环境保护的践行。同时，面对传统经济结构中的不合理之处，以低碳经济的方式对其加以优化，提高能源利用率，有利于我国经济的可持续发展。低碳经济转变了人们对污染与治理的看法，先污染再治理的发展模式被摒弃，在保护环境的基础上发展经济才是当前的正确选择。无论是立足当前还是着眼未来，发展低碳经济都是关系人民福祉、关乎民族未来长远大计的重大战略选择，具有重要的现实意义和深远的历史意义。

(一)发展低碳经济是提高我国能源安全和保障能力的迫切要求

我国是一个能源资源相对贫乏、能源资源人均占有量较低的国家。随着我国经济社会的快速发展，能源安全和稳定供应问题越发凸显出来。这就迫切要求我国发展低碳经济，加快低碳经济建设，开发低碳或无碳能源，优化能源消费结构，不断提高能源安全和保障能力。

(二)发展低碳经济是保护和改善我国生态环境的迫切要求

我国工业化和城市化进程加速发展，大量化石能源消耗和温室气体排放，远远超出能源资源承载能力和大气本身的自净能力，引发了各种气候灾害和自然灾害。面对严酷的自然条件和脆弱的生态环境，发展低碳经济，加快低碳经济建设，逐步提高非化石能源消费比重，控制温室气体排放，保护和改善生态环境，不断增进社会与自然的和谐、文明和进步显得尤为迫切。

(三)发展低碳经济是实现我国可持续发展的迫切要求

我国工业化和城市化的快速发展主要依靠大量消耗化石能源为基础。这种发展基础和条件不尽快改变，我国将陷入能源短缺、生态环境恶化、经济社会发展难以为继的困境之中。这就迫切要求我国发展低碳经济，加快低碳经济建设，将工业文明和城市文明建立在以可再生能源和替代新能源为主的基础之上，不断增强我国可持续发展能力。

(四)发展低碳经济是增强我国国际竞争力的迫切要求

我国作为世界能源生产大国和消费大国，在未来的经济社会发展过程中必然面临着越来越严峻的温室气体减排压力和挑战。要变压力为动力，变挑战为机遇，跻身世界低碳经济发展的前列，必须发展低碳经济，加快低碳经济建设，提高低碳技术自主创新能力，抢占低碳技术创新的制高点，大力发展低碳产业，夯实低碳建设的技术和产业基础，不断增强我国综合国力和国际竞争力。

在发展低碳经济之前，必须正确认识低碳经济，改变那些对低碳经济的错误看法。第一，低碳并不意味着贫困，发展低碳经济更不等同于放缓经济发展速度，而是在低碳的基础上实现经济的高增长；第二，发展低碳经济不是关上了高耗能产业发展的大门，相反，只要我国积极探索先进的产业技术，符合低碳经济的发展要求，就可以将低碳经济大力发展下去；第三，低碳经济不是个人的事情，不是未来的事情，而是每个人现在就要着手做的事情，其关乎每个人的生存，关乎每个国家、每个地区的发展，因而必须积极推行。

三、低碳经济的主要内容

了解低碳经济的主要内容，需要从与高碳经济、化石能源经济以及人为碳排放量增加这几个方面的相对关系进行。首先，降碳是低碳经济的本质，与传统的高碳经济相比，低碳经济严格控制碳排放量，力求将经济活动的碳排放量降到最低；其次，低碳经济关注新能源的利用，其抛弃了极高碳排放量的传统化石能源经济发展方式，致力于达成低碳排放量前提下的经济增长；最后，低碳经济反映了人类的低碳生存理念，人们原本的高碳消费习惯将得到彻底改变，人为碳排放量将不断减少。

四、发展低碳经济的基本路径

以地球生命支持系统为主导的自然界，从经济学角度分析属公共物品。经济学常识告诉人们，公共物品生产的主体是政府。因此，政府在发展低碳经济的过程中，有着市场不可替代的作用。而政府机构的主要手段，是通过政策调整，引导各市场主体走低碳之路。

(一)低碳生产的政策

低碳生产政策意在将传统的高碳生产方式转变为低碳生产方式，这是一种由低级到高级的发展，主要包括三方面内容。

一是对低碳能源的关注，在能源开采与利用过程中，应尽可能减小对煤炭、石油等化石能源的依赖，而是用各种低碳能源，如风能、水能、太阳能进行替代。

二是强调二氧化碳排放量的减少，这就要求企业在经济活动尤其是生产中，选择低能耗、低污染、低排放的模式，尽量推广新能源，使低碳生产的理念渗入生产实践中，从而全面减少二氧化碳的排放量。

三是对碳汇实行一定的奖励，激发经济活动主体以及广大人民群众碳汇的热情，也就是主动采取措施将空气中的二氧化碳进行收集，其中最为便利的途径就是植树造林，充分发挥森林对二氧化碳的吸收与储存能力，遏制当前全球气候变暖的趋势，还地球一个良好的生态环境。

(二)构建绿色消费模式

随着社会分工的细化，消费逐渐成为人类社会经济活动的重要组成部分。在消费过程中，人类得以满足生存和发展的需求。消费的对象不仅包括实物产品，还包括劳务、文教、娱乐、体育、医疗等非实体产品。马斯洛的需求层次理论将人的需求分为生理需求、安全需求、社交需求、尊重需求和自我实现需求，这五个需求层次的实现大部分需要诉诸消费。人们参与社会分工、孜孜不倦地劳动，其根本动力之一就是为了满足从物质到精神的多元消费需求。

进入工业文明时代，随着生产力的爆发式增长，社会经济文化有了长足的发展，人类的消费观念和消费模式也发生了天翻地覆的变化。消费理念变化的端倪出现在文艺复兴时期，马丁·路德(Martin Luther)及其追随者在其宗教改革中重新定义了教派的禁欲主义，肯定人的真实需求，倡导合理消费，反对奢侈、浪费和不劳而获，这种观点符合人本主义的潮流，具有积极的进步意义，但也拉开了消费观由俭入奢的序幕。随着工业革命的爆发，大机器工业推动了劳动生产率的迅速提升，一方面社会分工日益细化，商品生产和消费截然分离，满足人需求的消费品更多地以商品的形式出现。为了获取更多的剩余价值，刺激消费、促进生产最大化成为资本的必然选择。另一方面，大工业的生产模式直接促进了商品成本和价格的下降，使人类社会首次出现了供过于求的过剩局面，也带来了更多的个人财富，人们从客观上具备了大量消费的能力。在这两方面的共同推动和享乐主义、凯恩斯主义的催化下，消费主义大行其道。

日益突出的生态环境危机引发了有识之士的忧虑。20世纪下半叶，大量探讨人口、资源、环境问题的著作被发表，绿色运动蓬勃发展。消费问题作为资源、环境问题的直接肇因也受到了广泛的关注。

1994年，联合国在挪威召开了第一次“可持续消费专题研讨会”，给出了可持续消费的定义。2015年，“里约＋20”峰会通过了《可持续消费和生产模式十年方案框架》。在《变革我们的世界：2030年可持续发展议程》所确立的可持续发展目标中，第12个目标即为“采取可持续的消费和生产模式”。

在联合国框架下，许多国家和地区都制定并实施了可持续消费战略和行动计划。中国政府同样也做出了许多努力。

政府一方面应在构建绿色消费模式中发挥宏观引导、制度规范和示范带头的作用。充分利用经济杠杆宏观引导产业结构转型和公民合理消费，深入推进资源确权，建立资源价值体系，研究完善生态环境补偿费、消费税、奢侈税征收机制，强化环保税的核定征收，促进资源、环境价值内部化；以降耗减排为标准，加大供给侧结构性改革的力度，继续深入推进产业结构优化调整，淘汰落后产能和过剩供给，促进传统产业绿色转型和产品价值链延伸，鼓励低耗低排产业，特别是居民需求旺盛的医疗、教育、娱乐、养老、生态旅游等行业的发展，鼓励提高消费品虚拟价值。强化制度建设和制度执行，坚持推进环境标志、节能标志制度，完善准入机制，严格准入管理，加大优惠推广力度；强化市场监管，打击以次充好、劣质低价的商品，营造良好的消费环境；规范政府采购，树立绿色政绩观，发挥政府部门和公共机构的示范带头作用。培养具备生态责任意识的主流消费群体，努力提高城乡居民收入水平，调整分配关系，缩小收入差距，完善社会保障体系，提升大众消费能力；持续推进落实“中央八项规定”要求，坚决遏制政府机构和国有企事业单位腐败消费、奢侈消费、形式主义消费，充分发挥党政机关和公共机构的示范带头作用；强化理念宣传，大力弘扬节俭美德，促进适度消费观念的构建，引导公民正确认识和抵制消费主义和享乐主义，树立生态伦理观，营造绿色生活道德新风尚。

另一方面，应积极推进与绿色产品、绿色消费相关的制度体系建设。加强宣传教育，大力推动消费理念绿色化；规范消费行为，打造绿色消费主体；严格市场准入，推广绿色消费产品；完善政策体系，营造绿色消费环境等政策举措，初步形成了我国政府引导绿色消费的政策框架。此外，近年来我国推进的促进服务消费市场发展、实物类消费市场结构升级和服务标准升级等工作也在客观上有利于促进消费增长与物耗、能耗、污染增长解耦。总体而言，我国与绿色消费相关的制度体系正在不断完善。

(三)深化经济体制改革

在市场经济中，“经济人”之所以对发展低碳经济不够重视，原因之一就是缺乏相应的利益机制引导，所以要深化经济体制改革，促使他们在利益的影响下发展低碳经济。

一是从资源价格入手，制定有利于资源节约和环境保护的财税政策，让“经济人”切实体会到资源节约化利用的好处。

二是从能源价格入手，为了改变“经济人”对传统化石能源的高度依赖状况，可以对化石能源采取提价策略，同时对新能源予以价格优惠，推动新能源快速进入经济市场。

三是从碳交易体制入手，将碳排放额商品化，即将碳排放额与货币等同起来，将其科学合理地分配给不同的经济主体，碳排放量少者可以获得一定的经济收益，超额排放者则需接受相应惩罚。

第六章　基于绿色理念的生态文明建设教育路径

生态文明教育是推动我国生态文明建设的重要路径之一，基于绿色理念的生态文明教育主要体现为绿色发展观的教育。生态文明教育是人们对生态危机反思的产物，对大学生进行生态文明教育既是教育发展的应然选择，也是和谐社会发展的必然要求。本章将简析学生绿色发展观教育现状，阐述大学生绿色发展观教育的内容与目标及其重要意义，探究大学生绿色发展观教育的有效对策。

第一节　大学生绿色发展观教育现状

一、大学生绿色发展观培育存在的问题

(一)大学生绿色知识储备不足

绿色发展观的形成建立在绿色知识储备充足的前提下，虽然绿色知识与人们的现实生活息息相关，属于基础层面的常识，但部分大学生由于生活经验缺乏，对绿色知识的掌握情况并不好，绿色知识储备不足直接导致了大学生绿色发展观的不健全。

(二)大学生绿色意识较为薄弱

当代大学生在生态发展观的影响下，大都树立了绿色发展文明意识，这对美丽中国的构建来说具有积极意义。但是，绿色意识不仅由文明意识构成，还包括责任意识，即应把绿色发展当作自己应尽的责任，进而在学习生活中践行。许多大学生并没有树立绿色发展责任意识，他们的绿色意识就总体而言还较为薄弱。

(三)绿色发展观培育的方法较单一

大学生是未来的社会主义建设者与接班人，他们的绿色发展观直接关乎着社会的发展，所以高校积极地将绿色发展观培育纳入教学计划，力求通过课堂知识讲授的方式让学生形成绿色发展观。然而，这种教育方式的成效甚微，许多大学生对绿色发展观的理解局限在知识层面，不知其在现实生活中如何渗透，如此单一的教育方法大大降低了绿色发展观的培育效果。

二、大学生绿色发展观培育存在问题的原因

(一)社会层面的原因

1. 市场经济的负面效应影响

改革开放的伟大决策实施之后，我国的经济发展日渐繁荣，1992 年邓小平更是提出了建立社会主义市场经济体制，党的中共十四大的召开正式将这一体制确立下来。在社会主义市场经济环境下，我国人民的钱袋子逐渐鼓起来，生活水平有了显著提升。但任何事物都具有两面性，市场经济体制在推动我国经济积极发展的同时，也导致了很多错误观念的产生，如金钱至上、唯利是图，一部分人在金钱的诱惑下，开展着与绿色发展相违背的经济活动，这表明他们的绿色发展观不强，没能顾全经济发展的大局。

2. 一些不良的社会舆论导向

社会舆论会在很大程度上影响人们的价值判断，如果大众传媒总是传播一些积极向上的信息，社会的舆论环境就是正向的，反之就会促使各种不良舆论导向的形成。大学生正处于价值观确立的重要时期，良好的社会舆论导向就显得十分重要，大众传媒应当大力宣传绿色发展观，让大学生意识到绿色发展的重要性，并积极践行绿色发展观。综观当前的社会舆论导向，大部

分都在倡导绿色发展，但也有一小部分媒体过分宣传经济活动所产生的经济效益，忽略了绿色发展观的传播，给大学生造成了不好的影响，同时还弱化了高校绿色发展观培育的成效，使大学生的绿色发展文明素养有所下降。

(二)高校层面的原因

1. 高校对绿色发展观培育的重视程度不够

绿色发展的实施离不开人才的支撑，高校作为人才培养的重要场所，理应注重对大学生绿色发展观的培育，从而为社会的绿色发展输送更多人才。但在当前的高校教学中，学校教学管理工作者以及一线教师所关注的大都是学生专业成绩的取得，似乎只要他们的专业素养不断提升，教学工作的目的就达到了。高校不仅没有设置专门的绿色发展课程，并且在学生的专业课程中也极少融入绿色发展观，导致学生很少接触到绿色发展观，更无法形成健全的绿色发展观。作为学生学习的辅导者与引路人，高校教师的绿色发展观也较为淡薄，整体的绿色发展文明素养不高，这也影响了学生绿色发展观的形成。

对大学生而言，掌握专业知识、获得专业技能固然重要，但这只是其全面发展的一部分，绿色发展观的培育同样是他们实现全面发展的重要途径。高校在推动大学生的全面发展方面存在不足，很少采取措施鼓励大学生参与绿色发展的相关活动或科研工作，造成大学生绿色发展观的培育效果不明显。

基于上述情况，高校应当树立责任感与使命感，充分重视大学生绿色发展观的培育。尽管国家高等教育部门并没有在这方面制定具体的考核与评价标准，但高校也要发挥在教育方面的积极作用，引导大学生形成正确的绿色发展观，这有助于整个社会以及国家的绿色发展，更是惠及千秋万代的有益之事。

2. 高校的教育模式缺乏创新

教育模式会对教育效果产生影响，当前高校较为陈旧的绿色发展观培育模式对大学生绿色发展观的形成造成了不利影响。绿色发展观本身就是新时期的产物，与之相应的教育模式也要体现新时期的特色。教师在大学生绿色发展观的培育过程中，需要想尽一切办法丰富教育内容，创设趣味性的教育环境，采取理论与实践相结合的教育方法，从而将学生的学习积极性调动起来，使他们主动参与到绿色发展观的学习中，提高自身绿色发展的意识。

(三)家庭层面的原因

1. 家庭教育的忽视

家庭是学生生活、成长的重要场所，也是学生接受启蒙教育的场所，学生关于绿色发展的认知很大一部分源自父母的教育。21 世纪以来，社会各方面的竞争都在加剧，父母都希望自己的孩子能够具有较强的竞争力，从而在社会中立足并获得更大发展，所以几乎所有家长都尽己所能地为孩子创造良好的智育环境，孩子的学习成绩也确实有所提高。在这种情况下，孩子很少有时间和机会走进大自然，他们对绿色发展也很陌生。可以说，由于家庭教育的忽视，孩子对人与自然共生共存的认识非常不足，个人的绿色发展观也很薄弱。

2. 家庭消费观念的影响

家庭消费观念影响着孩子的消费行为，这种行为又反映出孩子的绿色发展观。现在很多家庭的消费观念或多或少地存在一些问题，其中最为突出的就是家长毫无原则地满足孩子的消费需求，这就导致了不合理的消费行为的产生，不仅浪费了资源，而且产生了更多的废弃物。另外，还有些家庭认为自己在经济方面取得了一定成果，就通过购买大排量汽车、举办大型家庭聚餐加以显示，殊不知对环境造成了破坏，也违背了节约资源的原则。试想，在这种环境下成长的大学生，绿色发展观能得到怎样的培育，绿色发展意识又能有几分?

(四)个人层面的原因

1. 大学生主动掌握绿色知识的意识不强

互联网为大学生主动掌握绿色知识提供了极大便利，大学生可以根据自己的需求在相关网络平台上搜索绿色知识，增加自己的绿色知识储备。但由于这些知识是大学生在短时间内习得的，或者是由教师灌输而来的，导致他们没有深刻理解知识，对知识的掌握自然也不牢固。加之当前的就业形势非常严峻，大学生对专业知识的关注程度更高，他们对提高专业课成绩热情满满，对学习绿色知识这种看似对个人就业毫无帮助的内容则兴趣不高，即使参与某些绿色知识课程，也只是抱着随便听听的态度，主动性十分欠缺，严重阻碍了自身绿色发展观的形成。

2. 大学生参与绿色环保活动的自觉性不强

在观念层面意识到绿色发展的重要性仅仅是基础，要想实现社会的绿色发展，还必须在实际生活中切实践行这一观念，在大学生群体中，真正能够做到知行合一的并不多。首先，有些大学生的意志不够坚定，虽然头脑中具有绿色发展的意识，但实际行动起来很容易随波逐流。其次，在西方功利主义的影响下，某些大学生对与己无关的行为漠不关心，即使有些人的行为已经对环境造成了破坏，也不加以制止。不但如此，当学校组织与绿色发展相关的公益活动时，部分大学生认为是在浪费自己的学习时间，不主动参与，不愿为绿色发展贡献自己的力量。

第二节　大学生绿色发展观教育内容与目标

一、大学生绿色发展观培育的主要内容

(一)绿色知识

绿色知识不单指与环境保护相关的理论知识，其内涵非常丰富，包括个体在追求人与自然、人与自身、人与社会之间和谐发展过程中涉及的方方面面的理论知识、实践技能与经历体验。在经过一段时期的总结与凝练后，才形成了今天较为完善的绿色知识体系。大学生需要掌握多种多样的绿色知识，如自然科学知识、传统与现代的绿色发展理念、绿色消费理念等。

为了进一步完善大学生的绿色知识储备，社会、学校与家庭要形成合力，引导大学生感受绿色之美，激发大学生绿色知识学习的兴趣，并为其提供有利的学习条件。首先，社会的相关部门要把推广基础性绿色知识当作重要任务，尤其是针对大学生群体进行卓有成效的普及；其次，高校充分利用自身图书馆的优势，引进丰富的绿色知识书籍，让大学生徜徉在绿色知识的海洋中，形成对绿色知识的科学认知；最后，家庭也要承担起相应责任，父母可

以借助现实生活中的绿色发展案例激发大学生的绿色意识，促使其主动学习绿色知识。

(二)绿色情感

人的生存与发展离不开与他人、与社会、与自然的相处，在这个过程中，人们一方面会形成一种恰合时宜的符合当前时代发展的价值取向，另一方面也会在内心产生一种深刻的情感，这就是所谓的绿色情感。处理与外界事物的关系是人生活的重要组成部分，在绿色情感的影响下，人会顺应自然，并追求与自然的和谐相处，从而推动自身的良性发展。将绿色情感作为大学生绿色发展观培育的内容，能够唤起大学生对自然的亲近之感，促使其从内心油然生起对自然的保护之情，进而积极践行绿色发展观。

工业革命实现了大规模工厂化生产，人类社会的经济发展水平有了质的提升，但随之而来的各种生态问题不得不引发人的深思，尤其是那些触目惊心的生态灾难，如莱茵河恐怖污染事件、臭氧层破洞事件等，如果人类再不转变经济发展方式，必然会遭到自然的报复。大学生作为未来国家建设的生力军，应当强化自身的绿色体验，形成必要的绿色价值观，将绿色情感融入国家建设之中，始终敬畏自然，与自然保持和谐的关系。

(三)绿色意识

绿色意识是一种建立在人对外界事物做出评价基础上的绿色价值观念，这种价值观念是大学生总体价值观的组成部分，是指导大学生做出绿色行为、促进自身与自然和谐共生的重要观念。大学生绿色意识的形成一方面有赖于外界对其进行的绿色思维方式、生活方式及行为方式的灌输，另一方面离不开大学生内心对这种价值观念的认同。为了增强大学生绿色发展观培育的效果，最为重要的就是引导大学生树立绿色意识，让绿色意识真正融入大学生的价值观之中。

现代社会最需要的是具备综合素养的全面型人才，也就是说，大学生不仅应是专业人才，更应该是综合人才，而绿色素养恰恰是综合素养的一部分，其体现着大学生综合素养的高低。一名优秀的大学生，首先要有强烈的绿色发展意识，在日常学习生活中践行绿色消费，同时对绿色的社会发展模式有所了解；其次是具有绿色的伦理道德意识，在面对人与自然的关系问题时，能够充分欣赏自然、尊重自然，在自然发展的客观规律之下开展经济活动；最后是生态环境保护意识，人类生存于生态环境中，对生态环境的保护就是对人自身的保护，优良的生态环境才最适宜人的居住。

(四)绿色行为

在系统掌握绿色知识、形成绿色情感、树立绿色意识之后，就要将这些转化为具体的绿色行为，真正为社会的绿色发展助力。大学生具有较强的综合能力，绿色知识的内化与吸收、绿色情感的唤起与激发、绿色意识的培养与树立并不那么困难，一旦将这些内在的东西转化为外在的行为，就会对周围的人产生潜移默化的影响，久而久之，整个社会将形成绿色发展的风气，绿色会作为一种永恒的追求存在于社会中。大学生绿色发展观培育的效果也需要根据大学生绿色行为的落实情况加以评判，能够在学习生活中时刻践行绿色观的大学生才算真正具备了绿色素养。

实际上，践行绿色发展观非常简单，坚持乘坐公共交通工具就是绿色出行，坚持节约资源、理性购物就是绿色消费，坚持参与绿色发展的公益活动就是对绿色发展观的身体力行。大学生不必着眼于大事，把身边的有关绿色发展的小事做好，并积极影响周围的人践行绿色发展观，就是对社会绿色发展的极大贡献。

二、大学生绿色发展观培育的主要目标

(一)形成绿色发展意识，树立绿色价值观

人的意识具有能动作用，在绿色发展意识的支配下，人能够做出绿色行为。所以，在对大学生进行绿色发展观培育时，必须引导大学生形成绿色发展意识，并逐步树立起绿色价值观。价值观反映的是人的一种价值诉求，绿色价值观是人在当前自然环境日益恶化的背景下形成的，人只有主动寻求与自然的和谐相处之道，才能从根本上改善与自然的关系，才能实现可持续发展。

部分大学生绿色价值观方面存在偏差，只关注个人的生存问题，而不为子孙后代考虑，这是人的自私性的表现，基于这种价值观所做出的行为也是错误的。所以，大学生必须树立绿色价值观，在利用自然资源时遵循适度的

原则，争取以最小的资源环境代价换取最高质量的社会发展，实现自然资源利用与经济水平提升之间的平衡。

在长期的绿色知识学习与绿色行为践行中，大学生逐渐形成了绿色发展的思维，并将其应用于日后的人与人、人与社会、人与自然的关系处理中。新时代，中国特色社会主义事业建设少不了优秀大学生的参与，具有绿色发展思维的大学生无疑能够推动社会主义绿色事业的发展，从而增强中国在世界生态环境保护中的话语权。

(二)养成绿色行为，树立绿色生活观

绿色行为的养成非一日之功，大学生要在平时的学习中形成节约、环保的意识，在生活中树立绿色的观念与态度，从小事开始践行绿色发展观，让绿色行为成为一种习惯。在部分大学生看来，绿色发展观对其学习与生活造成了极大限制，其实这是不懂得变通的表现，大学生掌握着学习与生活的自主选择权，绿色发展观只不过是提醒大学生不要破坏自然环境、滥用自然资源。在此前提下，大学生完全可以自由选择能够满足自身需求的学习与生活方式，这样既保护了生态环境，也没有影响个人发展。

为了进一步引导公众树立绿色生活观，杜绝破坏自然环境的行为发生，我国制定了环境保护的法律法规，这对于公众的行为具有强制约束力，一切触犯法律法规的行为都要受到制裁。大学生具有更强的法律观念才能知法、懂法、守法，充分尊重自然、顺应自然、保护自然，积极践行绿色生活观，养成绿色行为习惯。

地球是人类的母亲，她滋养着人类，为人类的生存与发展提供了极其丰富的资源。作为大学生，要胸怀感恩之心，呵护地球母亲，保护地球上的一草一木，用实际行动改善当前的生态环境，还人类自身一片生活的净土。

第三节　大学生绿色发展观培育的重要意义

一、有利于提升大学生的综合素质

在大学阶段，学生可以学习到包括专业知识在内的方方面面的知识，会接触到中学时期从未出现过的新鲜事物，也会在教师、同学、朋友等的共同影响下形成个人价值观，总之，这是一个非常宝贵且重要的人生阶段。每年毕业季，都会有数以百万计的大学生被输送到社会中，他们走向不同的工作岗位，各自发挥着作用。试想，如果这些大学生没有接受过绿色发展观培育，没有形成绿色意识，没有养成绿色行为习惯，那么必然会引发一系列的社会问题，如铺张浪费、盲目攀比等，这些都与绿色发展观相违背。

在素质教育广泛推行的今天，对大学生进行绿色发展观培育具有非常重要的意义，它是素质教育最切合的着力点之一。伴随着绿色发展观的培育，大学生的思想道德品质有所提升，综合素质也获得了进一步发展。大学生对自然的认识不能拘泥于书本，而要真正走近自然，亲近自然，并以绿色发展观为依据，这样才能更好地改造自然，实现与自然的和谐相处。在这个过程中，大学生还逐渐形成了观察、思考、分析以及解决问题的能力，他们在遇到困难时，能够积极主动地面对，这也是对大学生进行绿色发展观培育的成效。

我国社会的持续、健康发展需要人才的支撑，青年大学生就扮演着这样的角色，他们是社会发展的坚强后盾，他们的综合素质直接影响着社会发展，因此必须加强对他们的绿色发展观培育，为他们的成才提供正确的思想引领，促使他们成为中国社会持续、健康发展的推动力量。

二、有利于实现人的全面发展

从原始到现代，人类社会不断前进的动力就是人自身的需求，为了满足这些需求，人类开展了各种各样的社会活动，进而推动社会的演变与发展。绿色发展是人类的一种新需求，人类为了实现绿色发展的目标，个体潜能被大大激发出来，自身的全面发展也得到促进。在新时代背景下，大学生的全面发展至关重要，这是时代发展对大学生提出的新要求。作为大学生，不但要扎实掌握专业知识与技能，更要关注自身的思想道德品质，从而处理好人与人、人与社会以及人与自然的关系。

在人与自然的关系方面，践行绿色发展观是基本要求，因为绿色发展观体现着对人与自然关系的科学把握。坚持在绿色发展观的引领下处理人与自然的关系，必然能够实现二者的和谐共生，人的全面发展也由此顺利实现。所以，高校必须承担起大学生绿色发展观培育的责任，同社会各界一起加强这方面的培育，而大学生在日常学习中也要积极拓展自己的绿色知识，在生活中则以绿色发展观指引自己的行为，只有这样，才能获得健康成长、全面发展。

三、有利于助力美丽中国的建设

在当今社会，环境污染已经不再是某个国家、某个区域的问题，而是具有全球化特征，世界各国都或多或少地存在环境污染。为了改善生存环境，各国都在大力宣扬环境保护，并采取了诸多措施，“构建美丽中国”就是中国的有力举措。在美丽中国的构建过程中，各行各业的人都是参与者，大学生同样是不可或缺的建设者，具有较强的绿色意识与较高的绿色素养的大学生更能对美丽中国的构建起到积极作用，所以，必须加强对大学生绿色发展观的培育，促使他们成为践行绿色发展观的先锋。

认识是行动的先导，大学生首先应该全面认识绿色发展观，才能发自内心地践行绿色发展观。高校应该为大学生提供更多的学习绿色发展观理论的渠道，让大学生能够真正了解绿色发展的内涵，明白绿色发展的最终目的和积极意义。如此，才能拉近大学生与绿色发展之间的距离，让他们意识到绿色发展就渗透在实际生活中，通过实际生活的方方面面体现出来，大学生作为人类社会的重要成员，理应养成符合绿色发展的行为习惯。

高等教育是培养高素质人才的一种社会活动，接受过高等教育的大学生群体会对社会发展产生重要影响，对他们进行绿色发展观培育势在必行。一旦大学生的思维模式和行为方式得到了绿色发展观的渗透，他们的学习、生活乃至毕业后的工作就都会受到绿色发展观的引领，尤其是工作中对绿色发展观的践行，必将成为美丽中国建设的强大助推力量。

第四节　大学生绿色发展观教育的对策

一、以社会引领为主导

(一)发挥大众传媒的积极作用

为了高效、高质地传达信息，各种类型的大众传媒得以涌现，如报纸、书籍、电视、因特网等，由于每个人在社会中的生存与发展并非独立，所以需要借助大众传媒与他人紧密联系起来，从而构成这个纷繁复杂的社会。大学生在学习绿色发展理念、形成绿色发展观时，同样需要依靠大众传媒的力量。

21 世纪以来，大众传媒因其信息传播速度快等特点深受人们的喜爱，大众传媒已经渗透在人们生产生活的各个领域中。将大众传媒应用于大学生的绿色发展观培育之中，能够加快大学生获取绿色发展相关知识的速度，并使大学生接触到绿色发展相关的前沿动态和信息，这样可以加深大学生对绿色发展观的认同，也让他们更明确绿色发展观在全国乃至世界范围内的践行情况。

对于当代大学生而言，互联网已经走进他们的学习和生活之中，通过互联网获取学习资料、查询生活小技巧等，成为大学生的常态。因此，完全可以借助网络媒体对大学生进行绿色发展观的宣传与教育，让他们自主选择接受教育的时间与空间，这样能大大提升绿色发展观的培育效果。需要注意的是，在互联网的作用下，大学生时时刻刻被包围在海量信息中，这些信息有些对其树立绿色发展观有利，有些则对利己主义等观念进行了宣扬，大学生必须增强自身对信息的甄别与判断能力，抵御错误观念的侵袭。另外，当前的网络媒体对绿色发展的报道并不很普遍，大学生所能接触到的绿色发展信息具有一定局限性，这需要引起网络媒体以及其他大众传媒的重视。

政府和相关部门是大众传媒信息传播的把关人，对于大众传媒涉及的与绿色发展相关的内容，政府和相关部门要进行严格把关，尤其是那些消极的、负面的信息，一定要及时剔除掉，为大学生创造清朗的绿色发展观学习环境。为了进一步提高大学生绿色发展观的教育成效，还应当以大众传媒为手段，将更多优秀的思想传播出去，如中国传统的生态伦理思想、西方国家关于绿色发展的理念等，这些也是大学生形成绿色发展观所需学习的内容。

为了让大学生树立绿色责任意识，政府必须曝光并严惩严重破坏大自然的个人、集体或企业，新闻媒体应当强烈关注并跟踪报道相关事件，向大众公开相关事件的所有信息并接受群众监督。除此之外，必须要确保相关政府部门可以切实地行使监督、惩处的权责。政府应在正式的网络教育平台宣传、讲解绿色发展的理念及其重要性，成立以大学生为主体的绿色发展网络论坛等。与此同时，号召和动员大学生群体甚至全体中国公民积极地投身于中国绿色发展的事业。

(二)健全绿色发展的法律法规

法，国之权衡也，时之准绳也。诚然，落实和践行绿色发展观离不开广大人民群众的支持，但是不能仅仅将希望寄托于他们的自觉性和主动性。因为要在真正意义上实现绿色发展，在日常生活和生产活动中，必须时时刻刻的、高标准的落实每项要求，但这有违人的惰性。如此就必须依靠相关法律的强制性来约束人们的行为，为绿色发展的落实提供法律保障。任何人不能肆意妄为、践踏法律尊严，一旦发生违法行为，必然受到法律的严惩。除了依靠法律的强制性之外，还应当提高普罗大众的法律意识，促进他们自觉遵法守法。习近平总书记强调“生态环境是关系党的使命宗旨的重大政治问题，也是关系民生的重大社会问题。广大人民群众热切期盼加快提高生态环境质量。”[①]可见，绿色发展与广大人民群众的切身利益息息相关。因此在利用法律

---

① 习近平．决胜全面建成小康社会夺取新时代中国特色社会主义伟大胜利——在中国共产党第十九次全国代表大会上的报告[N]．人民日报，2017－10－28.

来约束和规范的同时，也要坚信人民群众拥有较高的绿色觉悟。健全和严格的法律法规体系可以提高大学生坚持绿色发展的思想觉悟，坚守不损害绿色发展的法律底线。大学生应当以相关法律法规为准绳，自觉主动地按照绿色发展的高标准、严要求去约束自身行为。

习近平总书记曾经强调要用最严格的制度，最严密的法治保护生态环境，让制度成为刚性的约束和不可触碰的高压线。随着时代的发展和进步，我国现存的一系列生态环境保护和环境监管机制相关的法律法规已经出现一些细微的漏洞和空缺，需要进行完善。而相关法律法规体系的建设和完善必然有利于绿色发展的进一步推进。为此，高校应当积极地响应并配合相关部门，在学术层面提出建议和方案。总之，“国无法而不治，民无法而不立”，在绿色发展方面也必须借助和依靠法律的力量。

二、以高校培育为重点

(一)重视课程资源的开发利用

我国高校的环境保护课程的建设开始于 20 世纪 70 年代，虽然取得了一定的成绩，但是课程的建设至今仍未停止探索的脚步。因为时代在不断发展中，高校的相关课程的资源也应当不断地更新换代，才能满足大学生们的学习需求。相关课程资源的开发方式主要有以下几种：

1. 切实发挥思想政治理论课的主阵地作用

思想政治工作在我国的人才培养方面发挥着不可或缺的作用。这项工作的质量直接关系到受教育者的人格养成和价值观塑造的结果。实际上很多高校的学生并没有真正地意识到绿色发展的重要性，自然也没有将相关课程放在心上。因此，高校必须将思想政治教育课作为培养大学生绿色发展观的主阵地，从思想层面扭转部分大学生对绿色发展的看法和态度。第一，在进行《马克思主义基本原理》的教学时，可以重点介绍马克思主义生态观和自然观。引导大学生们抛却以人类发展需求为中心的自私态度，从马克思的唯物辩证法的视角看待人与自然的关系，强调不能以牺牲生态环境为代价发展经济，应实现人与自然的和谐共处。与此同时，全方位、多视角地向大学生展示绿色发展观的优越性。大学生通过学习这些课程，可以树立生态保护和绿色发展的意识。

第二，在进行《毛泽东思想与中国特色社会主义理论概论》的教学时，高校可以向大学生介绍时代前沿的绿色科技、先进的绿色产业和经济、超前的绿色思想，让他们及时了解我国绿色发展过程中取得的每一个进步和成绩。这样一来绿色发展观就会深深扎根于大学生心中，潜移默化之中成为他们所有行动的标准和原则。高校还应当督促大学生深入学习科学发展观，让他们从思想上认可这一先进的、科学的观念并将其奉为圭臬，落实到日常生活、学习的实践中去。经过一系列的教学，大学生最终将深刻认识到绿色发展的必要性和重要性，并且自觉主动地践行绿色发展观。

第三，在进行《思想道德修养与法律基础课》的教学时，高校应当将绿色发展相关的法律法规的内容作为重要补充进行详细的讲解，以此来提高大学生的绿色发展相关的法律意识。在推动绿色发展的方面，仅仅提高大学生的道德素养是不够的，还应当帮助他们树立知法守法的法律意识。

第四，在进行《形式与政策》的教学时，任课教师应当放眼于世界，尽可能地利用网络资源去搜集全球范围内关于绿色发展的最新消息，并且及时地将这些信息传递给大学生，让他们了解绿色发展的全球性动态，提高践行绿色发展的积极性。高校教师还可以选取当下话题度比较高的环境问题或事件作为讨论对象，让大学生自主思考、互相探讨，分析造成这些问题或事件的社会性、经济性原因，并集思广益提出相应的解决策略。在这个过程中不仅可以让大学生切身体会到环境破坏带来的危害，也可以让他们更加积极主动地投身于绿色发展的相关活动中。

2. 全面开设与绿色发展观培育相关的公共基础课程

大学生对绿色发展观的了解多来自电视、报纸或者互联网等媒体以及课堂上所学的少量知识。迄今为止，相当一部分的高校并没有开设专门针对绿色发展的课程。当代大学生绿色意识的淡薄与之脱离不了关系。针对这一现象，高校应当开设一系列以“绿色发展”为主题的公共基础课程，如《绿色学》《绿色发展与生态文明》《中国绿色发展建设及绿色理念》等。不止于此，高校还可以将这些课程设置为公共必修课程，让全体大学生都有机会进行学习。这既可以强化大学生的绿色意识，还能够让他们因中国绿色发展所取得的伟大成就而增强民族自豪感，从而更加积极地践行绿色发展观。

例如，大学生可以通过《绿色学》这门课程了解和掌握我国绿色发展的历史沿革、辉煌成就以及亟待解决的重要课题。这可以让大学生在潜移默化中形成一种使命感和责任感，为了进一步推动我国绿色发展而贡献出自己的力量。

3. 努力挖掘绿色发展和其他专业的交叉领域

绿色发展观作为一种思想理念具有很强的灵活性和柔软性，可以与所有专业和学科进行自由结合。当然，绿色发展观的跨学科交融对授课教师的专业度提出了更高的要求。教师必须完全掌握并深刻了解绿色发展观的所有理论，才能够游刃有余地在其他学科的授课中渗透绿色发展观的精髓。绿色发展观与其他学科的有机融合也有利于大学生更加全面地了解它，从不同角度解读它。并且可以让绿色发展观与大学生已经形成的知识结构完美契合，更有利于大学生绿色意识的培养和提升。

例如，现代社会无比困扰和头痛的大气污染、水污染、土壤污染等环境问题与化学专业知识息息相关，该专业的大学生对这些环境污染问题的产生原因、危害后果、治理措施等有着更深刻的、专业的认识。绿色发展观和化学专业学科的有机结合，可以激发这些大学生的使命感，让他们意识到自己掌握的专业知识对推进绿色发展的重要意义，从而积极地学习和践行绿色发展观。

计算机专业的大学生则可以在任课教师的指导下，发挥自己的网页设计、编程等专业特长，设计、制作、上线一个以“绿色发展观”为主题的网站，为宣传绿色发展观贡献自己的力量。这不仅可以提高该专业大学生的实践能力，还可以激发他们对践行绿色发展观的积极性。

英语专业的教师在授课过程中可以选择关于绿色发展观的英语文章作为教学资料。教师利用这些文章资料锻炼和提高学生的阅读理解能力和英汉翻译能力的同时，还可以了解国外绿色发展的最新动态，增强学生们对绿色发展的兴趣，从而让他们在潜移默化中树立绿色意识。

综上所述，不同学科的任课教师可以在教授专业课程的过程中，通过不同的方式融入绿色发展的相关内容，有利于培育大学生的绿色发展观。这就要求各个专业学科的教师发挥主观能动性，在培育绿色发展接班人的责任感和使命感的感召下，积极地探索绿色发展观和专业教学有机结合的教学方法、思路等。

（二）丰富绿色校园的文化生活

1. 营造校园绿色氛围

新时代的高校除了教书育人之外，还应当重视校园的文化建设和环境建设，为学子们提供良好的学习环境，而打造绿色校园就可以作为其中的重要环节。

第一，在校园环境建设的过程中打造绿色校园。人与环境是辩证统一的关系，人创造和改变环境，环境反过来也会对人产生不可磨灭的影响。校园是大学生学习、生活以及开展各项活动的主要场所，学生们大部分的大学时光都是在校园里度过的，校园环境对大学生产生的影响不容忽视。因此，高校可以利用校园潜移默化的影响力来培育大学生的绿色发展观，将象征和代表绿色发展的元素巧妙地融入校园环境建设中，使大学生在耳濡目染中自然而然地接受绿色发展观。

例如，高校可以选择校园的一处或几处建筑，将其外墙粉刷成浅绿色，既醒目又有个性；还可以在校园内种植更多的松柏等常绿乔木，校园规模大的话，还可以挖一方小小的池塘，周围种上垂柳，水里种上荷叶，蛙声蝉鸣会让校园更富有大自然的气息，让大学生看到、听到和闻到“绿色”。这样的绿色校园无疑更加舒适宜人，徜徉在校园之内，周身被绿色所环绕，全体师生可以暂时忘却生活、工作和学业的烦恼，身心的疲惫都因绿色而消散。这样一来必然会唤醒常年身处都市喧嚣的师生们内心深处对绿色生活的向往。大学生们在享受绿色校园美好的同时，慢慢形成绿色意识，成为绿色发展观的坚定追随者和拥护者。

第二，在校园文化建设的过程中打造绿色校园。高校可以在校报上开设绿色发展的专栏，定期刊载文章并鼓励大学生投稿；也可以邀请绿色发展的专家学者来大学召开讲座或论坛，向学生们科普绿色知识。

另外，高校应当充分利用校园的各种设施，随时随地宣传绿色发展，将绿色发展观渗透到校园的每个角落。例如，利用校园广播站，在固定时刻播报绿色发展相关的稿件；利用图书馆、餐厅、教学楼、宿舍楼、小广场等处的电子显示屏或宣传栏等，显示或张贴绿色发展相关的标语。高校还可以举办绿色发展有奖征文大赛或演讲比赛、辩论赛等活动，让学生们在参与形形色色活动的过程中，不断加深对绿色发展观的了解和认可。

2. 开展绿色实践活动

社会实践活动是高校思想政治教育中最行之有效的方法。要切实地推进大学生绿色发展观的培育工作，就必须开展各种各样的社会实践活动。仅仅灌输枯燥的理论知识是远远不够的，应当提供大学生践行绿色发展观的机会，把理论知识落实到社会实践中去。只有这样才能让大学生真情实感地接受并认可绿色发展观。

第一，开展形式多样的、丰富的课外实践活动。例如，高校可以组织大学生去当地的森林湿地公园、垃圾分类的科普教育基地、各种绿色科技研发公司等实地参观、考察，让大学生近距离感受绿色发展的方方面面。在进行这类实践活动之前，教师首先要明确活动的目的和流程等，并布置此次活动后的任务，如要求学生们撰写实践报告，或者召开主题班会，互相交流心得体会等。教师必须要发挥重要的引导作用，有意识地帮助大学生树立绿色思想。

另外，随着全社会对绿色发展关注度的提高，绿色公益活动的数量也越来越多，形式也越来越丰富，如共享单车骑行、低碳环保出行倡议活动、环保回收活动、亲子植树活动、停电一小时活动等。高校可以积极地宣传此类公益活动，并呼吁全体师生参与。高校本身也可以举办类似的绿色公益活动，如绿色寝室风采大赛、绿色教室评选比赛等，既可以科普绿色发展的知识，又能够塑造富有绿色美的生活和学习环境。总之，社会实践活动可以让绿色发展观在潜移默化中渗透到大学生的思想和言行中去，让绿色思想深深扎根于大学生的脑海中，并将其落实为具体的行动。

第二，组织以绿色发展为主题的社团活动。社团是活跃在高校这个小社会中的不容忽视的重要组织力量。绿色发展观的普及离不开社团的支持。环保类社团可以灵活地组织规模不一、形式多样的绿色发展活动，例如旧衣物趣味改造活动等。当然，环保类社团开展活动离不开高校的支持，不仅是经费方面，开放宽松的成长空间也很重要，可以让这类社团发挥出它最大的价值。

(三)提升教师队伍的绿色素养

教师承担着普及绿色发展观的主要职责，其理论知识储备、绿色意识水平等与该项工作的顺利与否密切相关。如果教师自身的绿色意识本就比较淡薄，那么他并不会全身心投入培育绿色意识的工作中。绿色发展观的培育工作所需的教师不但要有着丰富的理论知识，同时要具备较高水平的绿色素养，对于绿色发展抱有积极的、正面的态度。只有这样他们才能在日常教学中发挥主观能动性，创新教学方法、钻研教学内容，将所学知识毫无保留地传授给学生。教师不仅是知识的传授者，其一言一行都会对学生产生影响。因此，教师首先要以身作则，积极地践行绿色发展观。为此就必须提高教师队伍的绿色素养，主要措施如下。

1. 教师应与时俱进地自觉学习绿色发展的相关理论知识

要激发大学生对绿色发展的兴趣，教师必须做到与时俱进，不断更新自身的知识储备和教学方法、思路等。绿色发展正在不断地向前推进，相关的理论知识也在更新换代中。因此，教师只有不断学习新知识，才能跟上绿色发展的前进步伐，真正了解绿色发展观的实质和精髓。做到了这些的教师才可以无比透彻、条理清晰地阐释绿色发展观。

另外，教师还可以从其他教师那里汲取教学经验，例如参加当地高校举办的绿色发展观的主题讲座，或者去旁听经验丰富的教师的课程，并虚心向他们讨教，参与各种可以提高绿色素养的培训等。在这个过程中，教师不断夯实绿色知识的基础，也可以学习和掌握新的教学方法。

2. 高校要对全体教育工作者进行专门的培训

高校应当积极地组织与其他高校间的学术交流活动，就绿色发展观的培育工作展开探讨，并鼓励教师踊跃参加，以提高自身的绿色素养。

除此之外，高校还可以给教师提供绿色知识的培训机会，并予以考核，或者举办其他以绿色发展为主题的活动。高校做这些工作的目的是保持教师绿色思想的先进性，提高他们的综合素养。除了任课教师之外，直接负责学生学习和生活管理的辅导员也可以在绿色发展观的培育工作中发挥重要作用，也应当通过培训、考核等途径来强化他们的绿色素养。辅导员可以在与学生的直接交流互动中，循序渐进地传递绿色发展的思想。

3. 高校应给予多方面的大力支持

除了教学授课之外，科研是高校老师的一项重要的工作。给学生讲授绿色知识之余，教师还可以针对绿色发展观的培育开展科研活动。对此，高校必须给予大力支持，除了科研经费的支持之外，还可以给取得优秀科研成果的教师一定的奖励，以此来激发教师们多方位、深入研究的积极性。

为了培养一支高素质的绿色教育团队，高校可以成立相关的委员会来总领绿色发展观的培育工作，以确保该项工作的顺利进行。对于在该项工作领域做出优秀成果的学院、班级、个人等，高校应当予以奖励，并大力宣传。为了建成兼具人文美和环境美的绿色高校，应当为教师创造更好的经济和政策环境，让他们全身心地投入绿色发展观的培育工作中去。

(四)创新教育教学的方式方法

1. 运用“互联网＋”，提升绿色发展观培育的传播力

高校在培育绿色发展观的过程中并没有充分利用互联网。当今这个信息时代里，互联网的存在是不可或缺的。因此，高校必须运用“互联网＋”，即“网上课堂”的形式来进行绿色知识的普及和教育，让绿色发展观的培育工作更加高效快捷。

第一，高校应当大力开发网上课堂。例如，举办绿色发展观相关的线上演讲比赛或知识竞赛等。高校还可以创建一个线上绿色创业平台，鼓励学生参加，让学生在趣味性十足的活动中体会到绿色发展的美好前景。

高校还可以创建一个线上平台专门用来宣传和普及绿色知识，例如创建一个“我的绿色说”的线上平台，发布绿色发展观相关的资源，让大学生随时随地都可以学习绿色知识。还可以在该平台上开辟专栏，让大学生以自己喜欢的形式，如动漫、文字、音乐、短视频等，来展示自己对绿色发展的印象。高校可以邀请专业素质高的教师以及其他高校加入这个线上平台，实现绿色教育的校际共享。

高校还可以与学生家长合力协作，创建线上“数字家庭”平台。家长可以通过该平台得知学生在校学习、生活的动态。一旦学生身上出现了铺张挥霍、

浪费资源等有违绿色发展理念的行为，不仅高校的教师、辅导员可以对其进行思想教育，家长也可以通过“数字家庭”平台对其消费行为进行约束和管理，最终帮助学生树立健康的、科学的价值观。并且学生家长也可以通过该平台了解和学习绿色知识，实现绿色发展观从高校向社会层面的普及。

第二，依托于高校校园网，大力推进绿色发展观的培育工作。校园网是每个大学生在高校内生活、学习所必需的网站。因此，高校如果能够充分利用校园网进行绿色知识普及的话，将会达到事半功倍的效果。高校可以在校园网开设绿色发展观培育的专题网页。为了吸引更多的大学生浏览网页，高校必须坚持更新，向全校师生提供最前沿的、最新鲜的绿色发展的相关信息。为了提高宣传教育的效果，除了文字之外，还可以利用音乐、图片、视频等多元化的媒体素材。比起文字来，音乐、图片和视频更具有直观性和冲击性，可以让大学生对绿色知识更加感兴趣。

第三，优化网络环境，为绿色发展观的培育提供环境支撑。互联网是把“双刃剑”，它既可以让人们的生活变得更加丰富多彩和便捷，也将一些如功利主义、拜金主义、消费主义等扭曲的、不健康的思想、价值观传输给人们。这些负面思想和价值观必然不利于大学生树立健康向上的绿色发展理念。因此，高校在利用互联网开展绿色发展观的宣传、教育工作时，必须严防死守那些负面思想或错误价值观对大学生们的侵袭，创造良好的网络环境。高校在宣传和科普绿色知识的同时，也应当通过各种途径提升大学生对网络信息的辨别能力，让他们养成过滤负面或错误信息的能力。

2. 运用“浸媒体”，探索绿色发展观培育的新途径

当代传媒界出现了“浸媒体”这一新的发展趋势。所谓“浸”就是沉浸，“浸媒体”就是利用信息化、数字化手段让受众沉浸式体验各种全新的场景。不同于以往的媒体形式，受众可以调动自己的全部感官，全方位、多角度地接收信息，获得身临其境般的全新体验。例如，移动端的深度阅读就是浸媒体的表现形式之一。如今几乎人手一部智能手机，人们随时随地可以接收信息，每天被海量的信息包围着。高校也应当跟上时代前进的步伐，利用浸媒体来宣传和培育绿色发展观。

浸媒体可以为高校推进绿色发展观的培育工作带来新的思路。例如，高

校可以创建绿色发展相关的微信公众号，呼吁全体师生关注，然后定期发布、推送绿色发展的新动态、绿色知识、绿色环境等文章。高校也可以在自己的官方微博发布绿色发展相关的动态或文章，并举办评论转发抽奖活动，调动大学生们关注绿色发展的积极性。

除此之外，高校可以与倡导和践行绿色发展观的企业(如顺丰快递、中兴等)通力合作，打造一个绿色发展主题下的实习平台，培养具备绿色素养的实践型人才。总而言之，高校要整合和发挥自身拥有的软硬件资源优势，充分利用浸媒体来开发新的培育形式，让大学生随时随地的、全方位的获取绿色发展相关的信息，通过这种沉浸式的体验，让绿色发展观根植于大学生心中。

三、以家庭培育为基础

(一)注重绿色情感的培育

家庭是孩子的第一所学校，父母是孩子的第一任老师。家庭可以说是培养绿色情感的第一站，并且对孩子之后绿色素养的培育具有深远的影响力。重视绿色情感培养的家长会经常带孩子亲近大自然，仰视灿烂的星空，沐浴温暖的阳光，聆听曼妙的鸟鸣。长此以往，孩子必然能够感受到大自然的美好，并由衷地热爱自然。在这种家庭中成长的孩子长大以后更容易接受绿色发展的理念。

首先，家长可以有意识地将绿色发展观作为家居设计的理念，除了装修和家具采用环保材料之外，还可以多在家里摆放鲜花和绿植，让家人一打开门就可以感受扑面而来的绿色气息。并且还可以在家里的某个小角落专门给孩子开辟一个“种植园”，让他们从头开始栽种自己喜欢的植物，培养他们对绿色的深厚情感。家长们也要以身作则，在生活中坚持践行绿色发展的观念，可以让孩子在耳濡目染中也养成绿色行为，潜移默化中接受绿色思想的影响，为之后孩子从内心深处接受和认可绿色发展观打下基础。

(二)重视身教示范的作用

作为孩子第一任老师的家长，其言行举止、思想观念无疑会对孩子的一生产生深刻的影响。家长的绿色生活习惯、绿色价值取向、绿色情感等也必然会影响到孩子绿色思想的形成，因此家庭教育是大学生绿色发展观的培育中不容忽视的重要一环。当然，只有家长本身具备良好的绿色素养，才能够发挥言传身教的作用。

第一，家长要主动学习，不断提高自身的绿色素养。家长们忙于工作、育儿、生活琐事，自然是非常辛苦的。但是，为了不成为被时代抛弃的落伍者，家长必须不断学习、不断充实自己。家长可以利用空闲时间，尽可能地多学习绿色发展观的新知识，或者利用上下班通勤的碎片化时间阅读绿色发展相关的新闻等，提高自己的绿色知识储备量。在工作之余，家长们也可以积极地参与绿色公益活动，在实际行动中提升绿色道德修养。

第二，家长要严于律己，发挥良好的示范作用。在日常生活中，家长们应当事无巨细地践行绿色发展观，让其彻底融入自己的行为习惯中。例如，节约用水和用电、尽量不使用一次性餐具、使用环保购物袋、出行选择共享单车或公共交通等。家长还应当坚持勤俭节约的传统美德，不铺张浪费、不挥霍无度，尽量避免产生剩菜剩饭等。只有家长努力在生活点滴中践行绿色环保的理念，坚持绿色生活方式，才会让孩子在耳濡目染中也养成同样的理念和行为方式。

家长们还应当密切关注孩子的思想动态，一旦发现他们的价值观出现了偏差，就要及时地进行纠正。家长要采取平等交流的态度与孩子进行沟通，不能一味地批评、责骂，应循循善诱地让孩子认识到自己存在的问题，并且耐心地帮助孩子进行改正。

四、以自我教育为关键

(一)树立正确的绿色价值观

价值观是人们认识、理解、评价和判断外界事物的思维和价值取向。绿色价值观可以说是推进绿色发展思想的、文化的基础，也有利于推动美丽中国的建设。内因是事物发展的决定性因素，因此即使对大学生绿色发展观的培育效果造成影响的外界因素有很多，但是大学生本身的因素起到了决定性的作用。也就是说大学生自身是否具备绿色价值观决定着绿色发展观培育的成功与否。

大学生在学习绿色发展观的过程中，要摆脱消极被动的负面思想，积极地发挥主观能动性，用绿色价值观来武装自己。大学生要在马克思主义生态哲学思想的指导下，主动学习我党在不同历史发展时期提出的绿色发展的理论知识；立足于我国国情，理论联系实际，分析绿色发展对我国社会经济带来的深远影响和重要意义。在这个过程中大学生不仅拓宽了知识面和视野，还在原有的知识架构的基础上建构起了绿色知识体系，形成了健康的绿色价值观。

大学生肩负祖国的未来，也是推动绿色发展的生力军。大学生要将绿色环保意识落实到日常生活的点点滴滴中，将节约环保的生活方式进行到底。例如，爱护动物、抵制皮草，厉行节约、坚持光盘行动，拒绝消费主义的侵蚀，消费有度、能省则省，选择成本低、耗材少的极简包装，出门就餐自带餐具等。大学生还应当定期自我反省，反思自己在这段时期内的所作所为是否偏离了绿色发展的范畴，从而及时发现和改正自身存在的错误。

(二)践行科学的绿色发展观

人应该在实践中证明自己思维的真理性[①]。实践在大学生绿色发展观的培育过程中发挥着至关重要的作用。大学生一方面可以通过与绿色发展相关的实践活动来深化对理论知识的理解，另一方面可以将自己所学的绿色知识落实到生活实践中去。

大学生应当积极地参与高校或者社会团体组织的绿色环保活动，在不断地积累实践经验的同时，也可以拓展知识面，从更多角度去理解绿色发展观。例如，大学生可以加入所属高校的环保类社团，积极参与社团活动，甚至策划和举办绿色发展主题的活动，进而感染并带动周围的同学参与进来，为打造绿色校园而共同努力。此外，大学生在购物时应尽量避免使用一次性的塑料包装袋，坚持自备可循环使用的购物袋；在学习时，要牢记节约用纸，因为每张纸的背后都有一棵倒下的大树，而人们点点滴滴节约下来的纸张就意味着还给了自然一片绿色。

大学生可以利用课余时间担当绿色环保类组织的志愿者。例如，充当绿

① 李荫榕，朱加凤.《马克思主义基本原理》原著选读[M].哈尔滨：哈尔滨工业大学出版社，2007：60.

色发展观的校园“宣传大使”，主动地组织绿色环保、低碳生活等主题的宣传活动，考虑到纸质传单不符合绿色理念，可以发动周围同学一起设计、制作创意感十足的电子传单，将其发布到校园网等大学生聚集的网络平台。大学生还可以利用寒暑假的时间深入绿色发展的前沿阵地，如乡村环境保护、重污染型企业的改造等，开展实地考察调查活动，收集统计数据、图片、视频等相关资料，并且完成一份内容翔实丰富的调研报告，等到开学之后可以与周围同学共享，让他们了解绿色发展第一线的实际情况。

环境污染似乎是城市化、工业化过程中不可避免的问题，每个城市都或多或少存在着污染问题。大学生可以着眼于自己家乡城市的环境污染问题，了解在经济发展的过程中当地付出了哪些环境的代价，如今遗留着什么样的环境污染问题等，并且以此为戒，提高环境保护的意识。践行绿色发展观并不受时间和地域所限，只要大学生真正地将绿色发展观内化为自己思想观念的一部分，就可以随时向周围的人们传递这一思想。

第七章　基于绿色理念的生态文明建设其他路径

生态文明是一种崭新的不同于以往的农业文明、工业文明的文明形式。它是在原有的文明形式出现弊端的情况下，为了适应社会发展需要而产生的。生态文明倡导人与自然的和谐相处，提倡顺应自然发展规律。它要求人类必须处理好人与自然、人与人的关系。工业文明让人类获得了前所未有的物质财富，极大地促进了人类社会的发展。但是人类对工业文明的负面影响认识不足，预防不利，对自然的破坏超出了自然的承受能力，导致了严重的环境问题。加强生态文明建设成为国家把握社会发展的应有之义。本章总结了一些基于绿色理念的生态文明建设路径。

第一节　培养公民生态文明意识，鼓励全民参与

一、公民生态文明意识的含义

在社会发展的过程中，生态文明建设占据着越来越重要的地位。为此，身为当代公民，人们必须具有生态文明意识。这里所说的生态文明意识主要是指，人们保护环境的态度、心理、观点、思想等。无论是在发展经济的过程中，还是在进行其他社会活动的过程中，人们都应该以生态文明建设为基

石，从事一切活动的前提都应该是生态。经济建设必须与生态文明建设同步进行。

二、公民生态文明意识的内容

作为人与自然和谐发展的思想观念，生态文明意识对于处理人与自然、人与人之间的关系起着重要的作用。另外，人类在生物圈中所处的位置也是由人类的生态文明意识所决定的。

（一）生态忧患意识

伴随着社会的发展，人们开始越来越关注生态环境的发展，基于人们对生态环境现状的探究，进而萌发出一定的生态忧患意识。事实上，生态忧患意识是人类生态文明意识中重要的组成部分，同时也是最为基础的一部分。近年来，尤其是迈入21世纪以后，由于人口的急剧增加，环境不断遭到破坏，进而产生了生态危机，树木滥砍滥伐、能源剧烈消耗、水源枯竭等问题不断出现，基于此，人们必须担负起保护环境的重任，培养生态忧患意识。

（二）生态道德意识

作为生态文明意识的重要组成部分，生态道德意识主要指人们在协调人与自然关系时所具备的道德思想、道德观念、道德品质等。公民的生态道德意识同样对社会的协调发展具有重要意义。基于此，培养公民的生态道德意识变得刻不容缓，人们应在生态道德教育的引领下逐渐培养起正确的生态道德意识，与自然建立起良好关系，成为生态道德感强的公民。

（三）理性消费意识

近年来，理性消费意识开始在生态文明建设中得以凸显。作为消费群体中的主力军，公民必须在消费过程中保持理性，杜绝铺张浪费。然而，在我国，仍然存在着不理智的消费行为，尤其是青年群体。青少年无论在心理还是生理方面都不够成熟，存在着攀比心理，且有着强烈的消费欲望，沉迷于消费不仅会造成资源的浪费，给环境带来伤害，还会影响人与人之间的交往。另外，在部分西方国家存在着“多买多用多扔”的价值观念，由于全球化的发展，这一思想迅速传入我国，部分公民受此影响颇深。基于此，我国必须全面加强消费意识教育，使公民逐渐培养起理性消费意识。

(四)环保法制意识

作为生态文明建设的组成部分之一，生态文明法制建设为生态文明的发展提供了强有力的支持。然而，要想加强我国的生态文明法制建设，就必须关注人们法制意识与观念的培养。事实上，我国已经在生态文明建设方面做出了巨大努力，这主要体现在，我国颁布了多部环保法律，使法制建设有法可依，另外，我国还在逐步加强对公民的环保法制教育，培养他们的环保法制意识，从而加快生态文明建设。

三、培养公民生态文明意识的有效途径

公民生态文明意识的培养不是一蹴而就的，需要长期坚持下去。从我国的实际情况出发，具体情况具体分析，逐渐探索出一条符合我国当前环境的道路，培养公民生态文明意识的路径大致包括以下几点①。

(一)在思想上，坚持正确的理论指导

树立正确的生态理论观念，是培养公民生态文明意识的重要前提。在我国，倡导将马克思主义生态文明观作为思想理论指导。人类之所以能够正常生存生活，就是因为自然的存在，基于此，人类必须与自然和谐共生，敬畏自然，热爱自然，顺应自然，遵循自然的发展规律。另外，我们党也在生态文明建设的过程中提出了一些科学理念，这些理念是基于我国实际情况所提出的。遵循党提出的生态理念，并不意味着脱离马克思主义生态文明观，相反，其是马克思主义生态文明观的中国化。应将马克思主义生态文明观贯穿于生态文明建设的始终，使其成为培养公民生态文明意识的理论指导，带领着人们开创生态文明新时代。

(二)在制度上，建立健全生态环境相关制度

对于培养公民生态文明意识来讲，仅仅依靠马克思主义生态文明观的指导是远远不够的，还需要政府发挥一定的作用。生态环境相关的政策制度等都需要政府来制定和实施，政府在其中扮演着政策实施者、制定者的角色。人与自然能否和谐共生关系着生态文明建设的成败，而培养公民生态文明意

① 丛嘉，许晓晖. 浅论公民生态文明意识的培养[J]. 经济研究导刊，2014(21)：288.

识又是人与自然和谐共生的重要基础，基于此，政府必须持续关注生态文明意识培养，根据我国当前的实际情况，制定出恰当可行的计划，充分利用各种各样的宣传方式，呼吁人们重视生态文明建设。

政府应该建立健全环境保护制度，利用各种手段传播环境保护知识，使公民意识到环境保护的重要性，呼吁广大群众参与到生态文明建设中来。另外，政府必须采取公开制度，切实做到信息公开透明化，以此来确保公民可以合理行使自己的监督权、知情权。如此，公民才能真正意识到保护环境的重要性，进而增强保护环境的积极性。

(三)在实践上，全民动员、共同行动

培养公民的生态文明意识，除了需要在思想、制度方面做出努力之外，还需要切实付诸行动。在实践方面，应真正做到全体公民共同参与生态文明建设。作为消费方式之一，绿色消费观对于促进人们建设生态文明具有积极作用，可见其具有环保、健康的特点。人们在日常生活中要时刻保持绿色消费观，这就要求人们首先要培养起循环利用的意识，不铺张浪费，合理利用资源，循环利用可循环材料。其次，人们还应该做到使消费符合生产，在不损害自然的范围内合理消费，真正做到环境保护与资源节约相协调。

实际上，生态文明建设需要群众共同参与，建立群众性环保组织是关键。广大群众应共同参与到保护环境的过程中，他们互相探讨，互相交流，共同提高生态文明意识。基于此，政府应该也必须倡导公民加入各种合理且合法的群众性环保组织，培养公民的生态文明意识。

第二节　建构生态文化，加强生态文化制度建设

一、生态文化内涵

不同的文明时期形成了不同的文化形态。农业文明——黄色文明时期，形成了农耕文化；工业文明——黑色文明时期，形成了征服文化；生态文化不是人类凭空想象出来的，而是在对地球生态环境的生态适应过程中创造出

来的，是适合人类生存环境的文化形式，因此，生态文明——绿色文明时期，形成了生态文化。

随着环境的日益恶化，20世纪90年代以后，学术界开始重视文化与生态环境之间的关系的研究，许多学者开始从人类对生态环境的适应角度去理解文化、界定文化，生态文化也便逐渐进入人们视野。

从基本思想来看，笔者认为生态文化是生态与文化的有机结合，主旨是人与自然和谐共生、协同发展的文化，具有广义和狭义之分。广义的生态文化是人类在处理人与自然关系中形成的一种文化，是在自然环境影响下形成的特色文化，体现为人们对待自然生态的思想观念、物质生产方式及生活方式。狭义的生态文化是一种社会文化观念，是人类对自然以及人与自然相互关系的各种思想观念，如生态哲学观、生态伦理观、生态文学等。

从功能和价值上来看，生态文化是生态文明时代的价值观和生存方式。人类中心主义仅关注人类价值，漠视自然价值，人们不注重自然生态环境，忽视自然价值，使得人与自然不能和谐共生，自然资源的枯竭、生态环境的恶化最终引发生态危机。这对于人类社会的进步造成了巨大的影响。无论如何，在当前的生态文明时代，所形成的生态文化反对人类中心主义，主张人与自然的和谐共生，其既不以自然为中心也不以人类为中心，倡导在人与自然和谐发展的情况下，来观察世界，开拓了人文关怀与生态关怀相统一的人类审美视野，树立了人类的行为规范，引导人类追求更好的生存环境，成为生态文明时代的主流价值观和生存方式。

从内在逻辑结构和层次上来看，生态文化可以被看作精神与物质成果之和，其是在人类与自然共同发展的过程中所形成的，它能够反映人与自然的关系。另外，生态制度文化、生态精神文化、生态物质文化等都属于生态文化的组成部分。作为人类文化系统的子系统之一，生态文化具有先进性、系统性。生态物质文化代表人类对生态环境产生作用的能力，是生态文化的有形体现；生态精神文化则是人们在生产和生活中的生态伦理道德标准，是一种生态价值观；生态制度文化则包括政府为了保护生态环境而制定的法律、法规及具体政策。

二、生态文化的构成

(一)宏观层面

1. 生态文化物质设施

生态文化的应用是需要依托一定的物质设施进行的。在设施方面，我们应普及使用节能减排的设备，进一步优化产业结构，推进循环利用，并提高利用效率。这样能够降低生产成本，提高经济效益。

2. 生态行为文化

纵观社会发展的全过程，我们可以发现人与自然之间存在着一定的矛盾。而这一矛盾的解决则需要依靠人类自身行为的转变。生态行为文化由此出现，人们以恰当的世界观、方法论为基础来改造自然，进而解决这一矛盾。

3. 生态政策与制度文化

生态制度文化是指运用制度对人们的行为进行规范和约束，从而维护生态的和谐发展，维护人们与自然和谐相处、共同发展的关系。因此，制度的制定是保护生态，维护自然的有力保障。

4. 生态文化发展意识

生态文化意识能够改变人们的价值观念和思维方式，从而指导人们的行动。文化意识可以促进人们正确处理人与人、人与社会、人与自然之间的关系，从而改善并提高自然界的和谐发展能力。

(二)微观层面

除了宏观层面以外，生态文化还有更具体的微观层面，这个层面包括目标定位、实施动力、制度保障和发展途径等多方面的内容。

1. 目标定位

事物的发展往往具有多方向的可能性，人们为了留住潜在目标客户而设计事物的发展方向，将其打造成为顾客满意的状态，获得竞争优势，进而在同类产品中占据领先地位的过程就是目标定位，正确的目标定位能使顾客印象深刻。为了推进生态文明建设，就必须对生态文化有明确的目标定位。人们在顺应自然的条件下，大力提高生态效益、社会效益、经济效益，促进人与自然和谐发展。此外，人们的生产生活方式也要有所转变，坚持走低碳、环保、经济的生态文明道路。当前，生态系统已经遭到了严重破坏，基于此，推进生态文明建设变得刻不容缓，我们在发展社会的同时，必须把生态文明建设放在重要位置，将经济建设、文化建设、政治建设等方面全面融入生态建设，为构建社会主义美丽中国贡献力量。

2. 实施动力

从微观层面来看，实施动力也是构成生态文化的一部分。可以将其详细划分为外部动力和内部动力。人们经常提到的美丽乡村、生态城市、生态文明建设就是实施动力中的外部动力，而区域文化自我发展能力的需要就是其内部动力，实施动力对于文化的发展起统领全局的作用。

3. 组织制度

我们为了推进现代化建设与生态建设和谐发展，经济建设与生态多样性共存，就必须建构生态文化。而这需要一定的组织制度作为保障，仅仅依靠政府加强立法机构的建设是不够的，还需要在执法机构方面进行大力完善，真正做到有法可依，有法必依。

4. 发展途径

作为生态文化的构成部分之一，发展途径必须构建实施机制，其中包括生态文化与外界文化、社会、经济之间的协调机制以及自身相关机制。最为常见的机制之一就是区域生态环境补偿机制，所谓的生态环境补偿机制就是指当部分地区因为保护生态而造成自身损失时，政府应该利用补偿机制加大对这些地区的资金投入。实际上，这里所说的补偿就是资金的流动，资金由获益地区流向补偿地区，进而实现平等的生态建设。

三、生态文化特征

生态文化作为文化范畴中人与自然关系最具生命力的文化形态，不仅具有文化的所有特征，还具有独特的历史继承性、战略前瞻性、全球全民性、层次系统性、规则约束性以及包容多样性。

(一)生态文化具有历史继承性

中华文化在历史传承、发展、创新中，一脉相承。中华民族的优秀文化中蕴含着丰富的生态文化思想，生态文化与中华传统文化天人合一的自然观一脉相承，具有历史延续性。

古代劳动人民形成的丰富且各具特色的天人协调思想，已成为今天我们生态文化建设的重要哲学理论基石。因此，生态文化的提出并非凭空产生，而是受传统生态文化思想的影响，在原有文化基础之上衍生、外化出来的，是传统生态文化的进一步发展，具有历史延续性。

(二)生态文化具有战略前瞻性

当前，人口、资源、环境及发展之间的矛盾日益尖锐，为了使环境的变化朝着有利于人类文明的方向发展，人类必须调整自己的文化来修复由于旧文化的不适应而造成的环境恶化，创造经济发展和环境保护和谐共进的新文化，即生态文化。作为时代进步的产物，生态文化是在自然资源枯竭、环境污染日益严重、生态危机影响人类生存发展的时代背景下提出来的，因而生态文化的一个重要特征就是具有时代发展的战略前瞻性。

生态文化主张人与自然和谐共生，是适应当前社会发展需要的新文化，是生态文明时代特定的文化形态，是引导社会建设与发展的内生力，是新时代主流文化的重要标志。

(三)生态文化具有全球全民性

在多样的生物世界里，人是生态文化的创造主体。费孝通认为"文化是依赖象征体系和个人的记忆而维持着的社会共同经验"[①]，文化不属于某个特定的国家、地域或者民族。生态文化的本质是社会群体精神，是历经人与自然关系演变而在世界范围内兴起的，是全人类共同的追求，具有全球性和全民性特征。随着经济全球化、一体化进程的加快，世界各国环保交流活动日益频繁，这就要求世界各国从全球的角度出发，深刻领悟生态文化的思想内涵，逐步强化生态文化意识，认真践行生态文化举措，共同保护我们的生态环境。

(四)生态文化具有层次系统性

生态文化是人与自然和谐发展的系统文化，坚持以全面审视人类社会的发展问题为出发点，以整体主义思维处理人与自然、人与社会以及人与人之间的关系。生态文化是集生态学、经济学、文化学、社会学和其他自然以及

① 费孝通. 乡土中国[M]. 上海：生活·读书·新知三联书店，1985：17.

社会科学学科之大成的文化，是立足大自然和人类发展全局的综合性研究，追求生态、经济、社会发展内在规律的有机统一，具体包括生态物质文化、生态制度文化、生态精神文化等几个层次，具有系统层次性，它们不是孤立存在、独立发挥作用的，而是相互联系、相互影响的。

（五）生态文化具有规则约束性

生态文化依靠外部的规范、隐含的形式来引导和约束人的行为，具体表现为生态伦理文化，它是人们建立在对某种环境价值观念认同基础之上的维护生态环境的道德观念和行为要求。生态文化不仅包含着在处理人与人、人与自然、人与社会之间关系时的行为规范，还蕴含着对道德和行为规范的哲学思考。生态文化的规则约束性，要求我们努力践行生态文化的相关制度要求，尊重自然、顺应自然、保护自然，努力建设一个和谐的社会。

（六）生态文化具有包容多样性

中华文化以海纳百川、有容乃大的胸怀开创了让世界赞叹的生命智慧和文明成果。正是文化的包容性造就了中华文化的多样性，因此，作为中国文化之一的生态文化也具有包容性。生态文化的包容性源于人类共有的生态环境、生态系统、民族经济及其文化的多样性，冲破了地域、民族间的差异，人与自然在尊重差异、包容多样的基础上大繁荣、大发展，逐步走向共存、共荣、和谐。生态文化的包容性不仅体现在人类行为的各个发展阶段中，还贯穿在人类思想意识中。这一特征要求我们在生态文化建设过程中尊重地方情况、从实际出发、因地制宜，顺应当地生态文化建设与当前生态文明发展的总体趋势。

四、建构生态文化的路径

社会在不断发展壮大的过程中必将走向生态文明，而作为整体的人类最终目标也是走向生态文明。然而，生态文化内容宽广而丰富，建构生态文化的途径也多种多样，以下就是发展生态文化的几个努力方向。

（一）生态文化以实现人与自然的和谐作为立足点

选择和把握好立足点，对于一项事业的成功发展至关重要。在以往几十年的工业文明进程中，人与自然之间的关系并不和谐，当下，为了改变这一现状，生态文化就必须以实现人与自然的和谐发展为立足点，遵守生态文明的宗旨。以显性层面作为切入点，我们可以发现工业文明在促进社会发展的同时，不注重资源损耗与环境保护，由此带来了生态危机，这不仅阻碍了人类生态文明的发展，也威胁到了人类自身的生存与发展。基于此，要想改善人与自然之间的紧张关系，就必须以人与自然和谐发展为基石，及时弥补工业文明对生态造成的伤害，同时，这也是生态文化发展的关键所在。

(二)生态文化的建设需要一个整体的支持系统

事实上，一个整体的支持系统对于生态文化建设来说尤为重要，因为人不止与自然界有着密切的联系，与方方面面的因素都有着一定的联系。一般地，这个支持系统除了包括生态化的物质基础和价值导向之外，还包括生态化的动力支柱、能量转化平台、运行机制等方面，以下对其进行简单介绍。

1. 生态化的物质基础

生态化的物质基础在生态文化建设中具有基础性作用，其突出表现在建立生态化的基础设施和产业体系之中，基础设施建设要本着生态、循环、绿色和节俭的理念，在材料选择、空间布局、使用期限等方面有长远的规划、设计和实施等管理措施；而产业体系则是体现在产业发展的方式、基本布局、计量标准等方面都要符合环保的基本要求。

2. 生态化的价值导向

行为是在理念指导的基础上才能实现的，生态化的价值导向是生态文化建设和实践的精神基础，对于生态行为的实现起到强筋健骨的作用。因为生态文明的建设是要通过人的具体行为来实现的。生态化的价值导向旨在建立生态化的文化教育体系，即以人的发展完善为目标，引导人们形成与生态文明相匹配的价值观念、行为模式、意志品质，最终通过教化塑造出相应的人格模式和行为习惯。

3. 生态化的动力支柱

动力是力量的源泉，是前进的基础。生态化的动力支柱，突出的是生态化的科学技术体系的建立。因为科学技术是第一生产力，生态文明的建设同样要依靠科学技术的进步来修复和弥补当前已经破坏了的人与自然的关系，并且在未来的建设中我们要加强对科学技术的正确指导，使其成为生态文化发展的重要支柱。

4. 生态化的能量转换平台

消费除了是进行生产的不竭动力之外，同时也是生产的主要目的。构建生产化的消费体系是组建生态化的能量转换平台的关键。随着经济的发展，人们的日常消费活动也变得多样起来，无论是在服装、食品、住房、交通等基本生活方面，还是在其他游玩方面，这些消费活动的完成都与自然界密切相连。换句话说，只有与自然界进行能量交换才能在真正意义上完成消费。基于此，要想推进生态文明建设，我们就必须把消费活动看作建设生态文化的中介，充分利用生态化的能量转换平台，最终达到人与自然的和谐发展。

5. 生态化的运行机制

任何事物在发展过程中，都有一定的运行方式与内在机能，也就是所谓的运行机制。从生态化角度来看待运行机制，我们可以发现生态化管理体系的建立对于运行机制来说尤为重要。事实上，发展生态文化并不是完全个人的自发性的行为，相反，其是集体性的、组织性的社会活动，基于此，应该将生态文化纳入社会管理系统中，另外，还应该关注局部与整体的复杂关系，个体与整体的适应关系等。

(三)生态文化建设需要加强生态教育，促使生态文化理念在全社会牢固树立

生态文化的建立，需要社会公众具备良好的生态意识。树立生态意识旨在强调对地球生态系统发展规律的整体、科学认识，保证自然资源和社会文化资源的持续利用，从而保证生物多样性和文化多样性，满足社会生产发展和人民生活的基本需求。

生态意识是一种先进的观念，公众是否具有自觉的生态意识，将直接影响到社会现在与未来的发展是否互利。但生态意识不是一朝一夕就能形成的，特别是建立全民性的自觉意识。因此，生态意识的建立要通过长期化，系统化的生态教育来实现，尤其是要提高广大公众探索自然和社会发展规律的科学精神和实事求是的科学态度，向全社会普及生态和环境知识，鼓励公众关心社会公共利益和长远利益。我们可通过校内教育、社会教育等多种形式，利用不同形式的媒体宣传手段，使不同年龄、不同性别、不同职业的人都来关心生态和发展问题，促使生态文化理念在全社会牢固树立。

五、加强生态文化制度建设路径[①]

(一)建立高效实用的生态文化综合决策制度

纵观人类发展过程的始终，我们可以发现人们的日常行为、价值取向除了受个人因素的影响以外，还会受到国家、政府颁布的各项政策的影响，其中包括文化政策、经济政策、管理政策等。基于此，国家应该组建生态文化发展规划机构，颁布各项制度，积极发挥政府的决策功能。但是，政府在实施政策时，一定要充分关注人与自然的和谐发展，一切决策都要以此为出发点，建立经济与生态和谐的发展机制，真正做到经济建设与生态建设同步进行，避免出现重经济、轻生态的现象。此外，各级政府在实施政策时还应该考虑本地生态资源的实际情况，切实做到经济、生态、社会同步发展。应确保各项决策是人们共同商议出来的，在经济发展过程中，若与生态发展产生冲突，不可直接放弃生态发展，应该采取民主商议的方式，听取人民群众的想法，真正做到一切为了人民。只要是影响到生态利益的决策都应该慎之又慎，所做出的决策必须是现阶段最少损害生态的决策。下级在执行上级决策时，要因地制宜，灵活运用方式方法，同时不可产生地方环境保护主义。

(二)建立和完善有利于生态文化发展的法制法规

我国的法制法规主要是指由国家颁布实施的与法律联系密切的规章制度体系。实际上，我国的基本文化价值取向在法制法规上体现得淋漓尽致，它是由国家强制实施的，具有一定的强制性，因此，往往起到维护、引导、确认文化发展的作用。从生态文化建设的角度来看，国家法制主要包括文化法制、生态法制。其中文化法制主要涉及文化方面，一般情况下，国家通过改善生态文化建设活动的运行机制来实施文化法制，运用法制法规来规范文化市场秩序、调整文化活动行为、维护文化管理体制等，文化法制的有效实施对于促进建设生态文化有重要意义。然而，生态法制建设则与文化法制建设有所不同，其主要通过管理与生态有关的社会行为来推动生态文化建设，与

① 李晓菊. 我国生态文化建设的制度缺失及其构建[J]. 福建行政学院学报，2013(5)：54—56.

文化法制建设不一样的是，它发挥的推动作用是内在的。基于此，文化法制建设、生态法制建设在我国生态文化建设中缺一不可。

所谓的建立文化法治建设实质上就是建立健全与文化市场相关联的法律体系，同时，还要关注生态教育方面，利用包括税法在内的法律、法规实施优惠政策，进一步为生态文化产业发展做出努力。在生态法制建设的建立健全过程中，环境法律的颁布与实施是非常重要的。身为立法、执法、司法人员都要掌握丰富的法律知识和生态知识，组建一支执行力度强、效率高的法律队伍，并实施公开透明化制度，保证每个公民应有的环境知情权。此外，生态文化建设与生态法律建设之间相辅相成，一方面，法律法规能够协调人与自然之间的关系，另一方面，社会主义先进文化的发展又能够促进法律的建设与实施。

(三)建立和实施生态补偿制度

人类在进行生产活动发展经济的过程中，对外界环境产生了一定的影响，为了对所造成的生态损害进行弥补，促进人与自然协调发展，特实施生态补偿制度。主要利用财政转移支付的方式来补偿社会各方的利益，同时对生态进行功能性的恢复。

制度的实施首先应该得到国家以及政府的认可，基于此，要想建立合理的生态补偿制度，就必须将其合法化。目前，生态补偿在法律层面已经得到了充分的重视，相关的生态补偿法律法规开始制定，生态主体义务以及责任的确定使得生态补偿制度更加规范化。除此之外，生态补偿制度的确立应该也必须以生态环境保护法为基础。从实践层面上来看，生态补偿制度可以首先在生态环境良好的地区实施，之后再加以推广。

生态补偿制度除了需要以法律为基石之外，还需要政府资金的支持。作为全人类的共同财富，生态环境的优良与否将直接影响全人类的利益，因此，政府必须重视生态环境的保护，向生态保护提供必要的资金支持。首先是中央政府，其可以通过建立财政支付制度来控制资金补偿，其次是各级地方政府，地方政府可以设立专项资金来进行生态转移支付。另外，税收倾斜制度的确立也是必要的，其应该以生态保护为主要目标，各项政策的大力完善共同推动着生态补偿制度的实施。

然而，仅仅依靠政府的资金支持来建立生态补偿制度是远远不够的，其需要社会各方的积极参与。其中以政府投入为主，只有社会与政府共同参与到生态补偿建设中去，才能形成多方位、多渠道的生态补偿方式。可以设立专门的生态补偿基金用来维护生态环境，国家的财政资金可以通过社会捐助、银行贷款等方式来进行补充，另外，还应该吸引个人资金以及组织资金等。

单一的货币补偿方式不利于生态补偿的有效进行。人们应该探索更多的生态补偿方式用来恢复被损害的生态。事实上，货币补偿方式主要适用于补偿因生态损害而造成的收入减少，此外，在生态维护中资金的注入也常常运用货币支付。但是，对于部分地区来说，其主要存在发展方面的问题，显然，只有建设公共设施，加大医疗卫生以及教育事业建设，才能促进地区发展。

(四)建立和完善领导干部的环保考核制度

作为领导广大人民群众共同建设生态文明的领导干部，自身必须具有强烈的环保意识，真正做到上行下效。每一位领导干部都应该无差别地遵循环保规定，并接受群众的监督，此外，还应该针对领导干部制定具体的环保考核制度，这一制度的确立与完善对于人事任免制度具有重要意义。从建设生态文化的精神实质方面来看，当下的经济发展评价体系必须包含生态效益、环境损害、资源损耗等方面，对相关领导干部的考核也应该包含生态环境的维护。因此，必须将生态文化建设纳入领导干部绩效考核之中，全面确立相关考核制度。可以采取决策领导责任制，对于主负责人的环保评价实行“一票否决制”的任免机制。在考核中将生态指标、社会指标与经济指标相融合，不能仅仅考虑经济指标。显然，这种考核方式为人民带来了更多切实利益，领导干部不再为了实现经济高速发展而放弃生态，不再盲目追求“面子工程”，起到了维护生态环境的作用。此外，不再拘泥经济的考核机制还使得民生问题得以凸显，领导干部开始重视民生、重视生态，逐渐转变了重经济的思想观念。同时，嚣张跋扈的地方保护主义也在这一制度的实施下得以被制约，社会发展也有了更大的突破。

(五)建立和促进生态文化建设的国际交流与合作制度

当下，不仅是我国存在着严重的生态危机，世界上的许多其他国家也都存在着生态危机，因此，生态危机不是单一国家的，而是全球性的、普遍性的生态危机。在生态危机面前，每个国家都应该树立起忧患意识，建立生态保护机制。从生态建设的实践层面来讲，生态文化的传播是必不可少的一部分。只有加强生态文化的国家认同，才能使各国团结起来，进而促进国际间的环保合作。基于此，各个国家之间都应该积极进行生态文化交流与合作。近年来，我国已经加强了生态文化建设，并在生态保护方面取得了一定的成就，形成了具有中国特色的生态保护机制，然而，在部分实践领域，无论是在生态科技、生态教育领域，还是在生态立法领域，我国的生态建设与其他国家都存在着一定的差距。可见，世界各国之间的生态文化发展不平衡。所以，更应该推进国际间生态文化合作，各国在生态文化交流过程中相互借鉴、取长补短、共同发展、共同进步。我国同样可以在国际交流中弥补自身实践领域的弊端，进而增强我国在生态领域的创新能力。实际上，在国际间的合作交流中，除了可以加强我国的生态文化建设之外，还可以通过展示我国的生态文化成果提升我国的国际地位。无论如何，我国都应该在生态保护领域坚持国际间的合作交流，进一步促进生态文化的建设。

第三节　打造新形态的消费模式——生态消费

一、传统消费模式的危害

传统消费模式表现为高消费和“即扔式”消费。所谓“高消费”是指人们消费的商品是远远超出自己的实际需求的，也就是说，人们消费商品已经不仅仅是为了满足生活和发展的基本需要，而是为了满足炫耀攀比的心理需要和欲望，人们混淆了“真实的需求”和“虚假的需求”。在消费主义价值观的诱导下，人们坚信：消费是衡量人的价值大小和幸福与否的标准，消费是人生的意义所在，如果一个人开的是劳斯莱斯的汽车、穿的是阿玛尼的服装、拎的是LV的手提包，那么这个人一定是幸福的、满足的。商人们为了追求自己的利益，紧紧地把握住这一契机，利用现代化的大众媒体精心设计宣传和推销他们的商品；厂商们不断地对自己的产品进行更新换代，一年进行一次甚至多次的产品更新，并通过大量的广告宣传来激起消费者的好奇心和购买欲望，诱导消费者购买这些功能差异不大而只是更“新鲜”的产品，让人们习惯一种“喜新厌旧”的“即扔式”消费模式。于是，高消费和“即扔式”消费成了合理的、合法的、符合大众道德标准的普遍现象。

这种传统消费模式给人类的生存和发展带来了极大的危害。

(一)导致了严重的人性危机

高消费、“即扔式”消费导致了严重的人性危机。传统消费模式下，人们用消费的档次来判断和标识一个人的身份和地位，商品作为一个具有有用性的物品已经演变成了价值符号，也就是说，商品不仅仅是一种物质，更是一种标识自身财富、价值和地位的符号，人们更多看重的是商品的符号象征意义。手表、衣服、汽车等不再单纯的是用来看时间、御寒防冻或者代步的工具，而是象征人们身份的一个个符号，人们消费的不是商品，而是社会身份符号价值。传统消费模式带来的是一个可怕的世界，没有激情、理想和对未来的展望，没有伟大的献身精神和崇高的追求，只有冷冷的钱在流动，只有孤独的“我”在徘徊。人们摒弃了勤俭节约的美德，物质至上带来的是精神的空虚，人们的价值观发生了偏离，从而产生了精神危机和人性的扭曲。

(二)导致了严重的生态危机

传统消费模式下，人们肆无忌惮地向自然索取和排放，导致了严重的生态危机、高消费，“即扔式”消费必然要求通过大量的过度生产来维持和满足，而过度生产必然会向大自然无止境地索取资源能源、排放废弃物。因此，传统消费模式带来的是高消耗、高排放、高污染，这种消费最终会超出生态环境的承载力，对生态环境造成不可修复的污染与破坏。

二、生态消费的内涵及本质特征

(一)生态消费的内涵

生态与消费的融合就是生态消费，所谓生态消费就是指人们在生态的理念下进行的消费。首先，生态消费不能危害生态环境，必须满足人们的基本消费需求；其次，生态消费还必须与当下的生产力发展水平相适应；最后，在生态消费中，无论是消费客体、消费主体，还是消费过程、消费结果都应该是生态型的。换句话说，生态消费是以社会、经济、自然生态、人的全面协调发展为基础的消费模式。

相比较生态消费，更被普遍接受的是绿色消费和适度消费，但是很容易将生态消费、绿色消费和适度消费这三个概念混淆在一起。实质上，这三个概念各有侧重，内涵上是完全不同的。绿色消费强调消费对象的绿色和环保；适度消费重点强调消费的量和规模的适度；而生态消费则在内涵上囊括了绿色消费和适度消费这两个概念，这也是生态消费这一概念内涵合理性的体现。生态消费可以理解为生态地消费，从这一点来看，生态消费首先应该是一个合乎生态学的概念。生态消费是一种生态化的消费模式，它将消费纳入生态系统，要求消费品、消费过程、消费结构都符合生态要求，生态消费要求。消费不仅符合经济发展的要求，还要符合生态环境发展的要求，它体现了生态效益、经济效益、社会效益的统一。

生态消费是一种理性的、科学的、健康的消费，既能满足人的消费需求，又能维持人与自然关系和谐，同时还能使人回归正确的价值观和人类的本质，营造一个丰富的精神世界。

生态消费作为一种新形态的消费模式，是人类为了应对日益严重的资源耗竭、环境污染、生态失衡等生态危机而提出的一种科学合理的消费模式。生态消费最重要的属性是可以实现消费的公平与正义。消费的公平与正义强调应该从人类的整体视角来评价人们的消费行为，实现对人的基本生存权利和生命尊严的认同。生态消费不仅能够满足发达国家和地区消费者的消费需求，而且还能满足落后国家和地区消费者的消费需求，可以克服传统消费模式所带来的消费的区域不均衡性；生态消费不仅能够满足人类的消费需求，而且还以尊重生态环境为前提，既尊重人类本身，又尊重非人类的自然环境，从而在人与大自然之间实现公平与正义。

(二)生态消费的本质特征

实际上，生态性要求就是生态消费的本质特征。一方面，生态消费要求消费人群树立正确的消费理念，拥有与消费水平相适应的消费能力；另一方面，生态消费还影响着消费品本身，绿色、生态是生态消费品所必须具备的。

首先也是极为重要的一点是，参与消费的人必须树立起一定的生态消费观且应该拥有恰当的消费能力。也就是说，消费者在消费产品时，应当以生态消费观念为基础，尽量选择既能满足生活生产需要又能节约自然资源的产品，避免选择严重危害生态环境的产品。随着经济的发展，人们的消费水平也在不断提高，无论如何，消费水平不能超过一定的限度，以免伤害生态系统。

其次，消费者所购买的产品自身应该是绿色环保无公害的，这就要求消费品自身具有生态性。一方面，生态型的消费品对消费者自身的身体健康不会造成危害，能够使人们健康发展，另一方面，绿色商品对于提高人们消费质量，转变消费结构，保护环境等方面起着重要作用。

再次，商品的生产消费过程也应当是生态型的。首先，应该选择对环境无污染的原材料来进行商品的加工，在商品加工过程中，所使用的机器设备以及所耗用的能源也应该与环境相协调，另外，在材料消耗利用方面，也应该以耗量少为准则。在商品的消费过程中也要避免对社会或他人造成伤害。总而言之，在商品的生产消费过程中也要关注生态环境的保护。

最后，消费结果是生态型的。人们在消费完成之后常常会产生一些损害环境的垃圾，必须对这些垃圾进行及时处理，以免危害环境。

三、生态消费实现人性的回归

首先，生态消费能够实现人类精神世界的满足。生态消费是要满足人的生存和发展的需要的消费模式，不仅满足人的物质消费需求，还能满足人的精神文化需求，并且具有精神消费优先的特征。生态消费注重人的心理需求和精神满足，应为人类构建丰富充裕的精神世界。

其次，生态消费尊重自然的价值。生态消费作为一种生态化的消费模式，旨在实现人与自然关系的和谐，对生态环境赋予人文关怀，承认自然的内在价值，将自然的价值纳入人的价值实现的考察范畴内，体现了对自然价值的尊重与认可。

再次，生态消费尊重人的自我价值。生态消费作为一种健康、科学、合理的消费模式，呼吁人们反对高消费和商品崇拜，使人们摒弃了将消费作为衡量人的价值的标准、视消费为幸福的价值观，打破了人们对商品符号价值的痴迷，使人们不再将消费看作是身份地位的象征和标志，促使人们寻找到迷失的自我、领悟到人生的真正意义，使人回归自我价值和人之为人的生存状态。

最后，生态消费尊重人的类价值。除了经济意义外，生态消费赋予消费生态意义、社会意义和文化意义，使人们一开始就以一个整体的视角来看待自己和他人的消费活动，将自身消费行为对他人和生态环境的影响纳入消费决策的影响因素范畴，强调从人类的整体视角来评价人们的个人消费行为；强调消费不仅仅是一种个体活动，也不单纯是经济领域的活动，而是具有很强政治意义和伦理意义的活动；突出消费的公平与正义，强调消费应该保证各个地区、各个民族、各个国家以及每一代人的基本生存权和生命尊严，体现了对人的类价值的尊重和认可。总之，生态消费摒弃了传统消费模式对物质的纯粹追求，使人类摆脱精神空虚的状态，体现了人类尊重自然的高尚伦理道德，实现了对人性的真正同归。

四、生态消费是生态文明建设的内在要求

生态消费是生态文明建设的内在要求，这是由生态消费的特征所决定的。

首先，生态消费具有绿色性。生态消费的产品、生产工艺和流程以及消费的结果都具有绿色性。

其次，生态消费具有适度性。生态消费是以资源有限作为约束条件的最优消费，因而它会自觉地将消费的规模和“度”限定在生态系统的承载力范围内。

第三，生态消费具有可持续性。生态消费不仅能够满足当代人的消费需求，而且还能满足子孙后代的生存和发展要求。生态消费不仅能够实现消费的可持续，还能够实现生态环境的可持续发展，最终能够实现人类社会发展的可持续。

与生态消费模式相适应的生产是一种低消耗、高产出、与自然和谐的生产模式；生态消费模式下生产出的商品是耐用、无污染、可回收循环利用的商品。与传统消费模式相比，生态消费是一种理性的消费，它将人类的消费行为纳入生态系统的运行之中来考察，接受生态系统的约束，实现人与生态

系统的协调发展。生态消费不仅能够保证人们生存和发展的需要，而且还能够推动经济的良性发展。生态消费有助于缓解当前人类所面临的严重的生态危机和生存危机。在以建设美丽中国为奋斗目标之一的新时代，我们构建生态消费模式是大势所趋，也是生态文明建设的题中应有之义。

五、推动生态消费方式形成与发展的策略

(一)倡导全新的消费理念

近年来，我国经济迅速发展，生产力水平的提高使得人们的生活方式发生了转变，人们逐渐改变了消费观念，消费观开始朝着奢靡的方向发展。在这一观念的影响下，人们的消费欲望不断增加，过度追求物质生活，大量浪费物质资源，这些造成了生态危机。基于此，我国必须采取一系列措施，帮助人们转变这一奢侈观念，使人们重新树立起节俭消费观，做到理性消费，控制自己的消费欲望，逐步改善生态文明。

首先，不要过度消费以免造成浪费，应树立起适度消费的理念。一方面，适度消费并不代表着不消费，而是既不过度毫无节制地进行消费，也不吝啬消费。另一方面，适度消费是指消费者按照个人能力进行消费，不会因为消费而造成生活艰难。另外，消费者除了需要考虑自身之外，还应该考虑他人与社会，也就是说消费者的消费在保证自身效益最大化的情况下应不损害他人利益。身为消费者，我们必须保持内心纯洁，不虚荣、不低俗，学会满足。既不嫉妒别人的豪华生活，也不为自身生活的朴素而自卑。

其次，除了适度消费之外，消费者还应该具有可持续消费的理念。实际上，消费不仅是一种权利，同时也是义务。一方面，基于生存的需要，人们必须拥有一定的物质资源，这就是消费在权利方面的表现。另一方面，要想有足够的物质资源支撑人们日常生活，人们就必须承担起自己的义务，在消费过程履行相应的义务，保证资源的永续。我们不得不承认地球的资源是有限的，可以被完全消耗殆尽，人们当前的过度消耗会导致后代资源的短缺。基于此，人们在消费过程中除了要考虑当代人的利益之外，还要关注后代的利益，保证后代人的基本物质生存条件。

最后，高品质的消费理念也是全新消费理念之一。物质上的富有并非真

正意义上的富有，人们更应当关注精神生活，实现精神富有。这就要求人们在消费过程中不能过度关注消费的量，而应该将注意力转移到消费的质方面。基于此，人们应当舍弃那些耗费大量资源却又无法提高精神生活质量的消费方式。

（二）加强生态消费的政策法规建设

作为消费观念的一种，生态消费观的构建离不开法律制度、公共管理制度以及经济手段的实施。

为了加强生态消费观，我国从法律制度方面做出了许多努力。《生态消费观促进法》的颁布，为生态文明的建设带来了更大的帮助，其与循环经济法、环境保护法共同作用。除此之外，其他相关生态环境保护法律法规也在不断完善着。

同样地，政府以公共管理为切入点，引导消费者建立正确的生态消费观。政府能够从可持续发展的角度考虑生态文明，并从客观理性的视角来看待构建生态消费观所带来的影响。基于此，只有在政府的引导下，消费者才能真正树立起生态消费观。

另外，从经济手段的角度来看，生态消费观念的树立离不开经济杠杆的支持。尤其是税收杠杆在生态消费中起到关键作用。以调整消费税为例，政府可以将那些严重污染环境以及大量浪费资源的产品纳入征税范围，并严格按照污染程度设置不同等级的税率。

（三）发挥政府主导作用

事实上，政府在构建生态消费观中起到主导作用。作为引领我国社会发展的关键，政府同样走在建设生态文明的前列。绿色法规的颁布、绿色产品的监督管理都离不开政府部门。为了构建一个良好的消费环境，政府必须对产品销售中的违法行为给予打击。一方面，政府需要严格检查绿色产品的开发与生产环节，避免其对生态环境造成严重损害。另一方面，政府还要对相关企业进行严格要求，企业无论是在设计产品、制造产品方面，还是在销售方面，都要加强管理，真正生产出绿色产品。

此外，随着科技的发展，新媒体开始出现，并成为人们获取信息的主要途径。因此，政府还应当充分利用媒体工具，向人们宣扬绿色消费观，逐渐使人们接受全新消费理念。

第四节　构建生态治理的全球一体化结构

一、消除全球异地污染的经济一体化

生产力发展到当今时代，发达国家已经从对发展中国家的商品输出转变为资本输出。一般而言，资本总是流向有利润的地方，而发展中国家往往有着巨大的市场潜力，从而吸引着发达国家的资本注入。同时，一些公司出于减小国际金融风险、获取较廉价的劳动力等考虑，也纷纷将一些劳动密集型产业转移到发展中国家。值得强调的是，一些国家还出于生态环境因素考虑，为了减少自己的环境风险而有意识地鼓励一些企业将高环境成本的产业转移出去。这样，一些发达国家在享受经济发展红利的同时，却将环境风险强加给发展中国家，造成了异地污染状况。为了解决这一状况，无论是发达国家还是发展中国家都应该做出相应的努力。首先是发达国家，身为经济发达的国家，不仅要承担起发展经济的重任，还要重视全球生态系统的保护，凭借着自身的资金以及技术等方面的优势，以大力降低环境风险来代替转嫁风险。其次，发展中国家也应该全面树立生态忧患意识，不可以仅仅重视经济的发展而忽略生态文明建设，要尽自己最大的努力保护环境。中国作为第一大发展中国家，迅速发展的经济所提供的巨大利润空间吸引着巨大的国际资本流入，已经成了名副其实的世界工厂，而一些高污染产业乘势而入，造成了巨大的环境压力。因而，中国要奋力抵制世界污染全球化趋势，从而为生态治理的全球一体化结构构建做出贡献。

二、发展跨国界的非政府性生态组织

在生态文化全球一体化进程中，跨国界的非政府性生态组织发挥着不可或缺的重大作用。为了促进生态文化全球一体化，这些组织应在争取政府支持进一步发展的同时，积极宣传自己的生态理念，极力扩大自己的影响力，

争取更多民众的支持与参与。各国政府都要在政策、场地甚至资金等方面加大支持力度，在进一步促进现有的国际环保组织发展的同时，发动动员更多的民众组建更多的生态环保组织。

三、形成生态治理的全球一体化结构

在生态维护与环境保护问题上，世界各国要形成全球性生态共识，改变推脱生态责任的做法，打破各自为政的治理格局，着力于打造一个具有全球生态管理与实践能力的地球政府。这样的地球政府的打造可以通过对联合国的改造而实现。生态治理的全球一体化结构建构可以以联合国为依托，强化其在全球生态问题上的职责与权力，通过决策共议、经费公担的方式，将其改造为一个在生态问题上名副其实的世界政府。但是，最为实际而有效的方法也许是通过各国共同协商，在生态问题上组建一个新的专门机构，负责全球生态问题。

随着生产力发展推动世界历史的发展，通过世界各国的共同努力，区域必将被打破，进而形成生态文明的全球政治新体制，一切服从于生态，一切服从于地球，人类将从工业文明的必然王国走向生态文明的自由王国，全球一体化的生态文化终将实现。

第八章 中国生态文明建设展望

近年来，随着生态环境的恶化，我国开始逐步重视生态发展，最初主要是基于学术方面的研究，之后逐步上升到国家层面。十七大的召开成功确立了建设生态文明的任务，这标志着生态文明开始上升到国家层面。当前，我国的生态文明建设还处于初期，建设之路艰辛且漫长。本章将主要针对生态保护、资源节约与污染防治三个方面展开生态文明建设研究。

第一节 加强生态保护

一、生态保护的内涵

(一)生态保护的含义

迄今为止，生态保护也没有一个统一的、具体的概念。一般情况下，无论是在相关政府文件中，还是在日常实践管理中，人们都将其看作生态环境保护。然而，从生态环境保护的具体组成来看，其包含着生态保护，另外，环境保护也是它的组成部分之一，显然生态保护与生态环境保护并不完全相同。从环境保护层面来看，其主要改善的是人类生产活动所带来的环境污染等，环境污染的源头、过程、后果等都需要加以重视。目前，我国颁布了一系列环境保护法。而从生态保护角度来看，其主要是指对人类生产活动所带来的自然生态系统的破坏进行的修复与保护活动。从具体保护的内容来看，两者完全不同，生态保护的关键是保护生态系统。

（二）生态保护的范畴

无论是自然生态系统，还是人工生态系统，都属于生态保护的范围。自然生态系统主要包括海洋、荒漠、森林、湿地、草原等，而城镇、农田等人工形成的就属于人工生态系统的组成部分。从社会经济发展的组成部分来看，人们在生产生活中所用到的药物、木材、食物、燃料等都是由生态系统提供的，从人类生存条件来看，生态系统为人类提供赖以生存的水源、空气、土壤等，保障着人类最基本的生活条件。

二、生态保护在生态文明建设中的地位与作用

生态、资源、环境的破坏导致了生态危机的产生，要想加强生态文明建设，就必须重视生态保护、环境保护以及资源保护。人类的生存与发展离不开良好的环境以及永续的资源，然而无论是环境还是资源，都与生态系统密切相关。没有失去生态的环境，也没有离开生态的资源。如果说，我国进行生态文明建设的最直接目的是获得良好的环境与永续的资源，那么进行生态文明建设的基石就是生态保护。基于此，生态保护的成功与否不仅关系到生态文明建设的成败，还涉及人类的长期生存与发展。

（一）生态保护是促进和落实生态文明建设之首义

当前，伴随着经济的发展，我国的生态问题日益突出，资源紧张、环境污染、生态破坏等问题的加重都催促着生态文明的大力建设。我国对生态文明建设的重视程度也在逐步加深，并进一步颁布实施了重大决策。自然生态系统是人们赖以生存和发展的基础，人类应该也必须顺应自然、尊重自然、保护自然。但由于人们对资源的大肆浪费，对环境的破坏导致出现资源短缺、环境恶化的局面，因此，生态保护成为促进和落实生态文明建设的首义，为了防止生态进一步退化，我们必须重视生态保护。

(二)生态保护是保障生态产品和国土安全之关键

伴随着经济的发展，人们对生活水平的要求也越来越高，从最初的满足基本的饱暖到当下追求高质量的生活方式，欲望的转变对生态提出了更高的要求，人们希望食品是绿色健康的、空气足够清新、环境足够优美等。显然，当下的生态文明难以满足人们的需求。自然资源长期处于过度使用状态，森林、草地都遭到了过度开发，甚至部分地区已经出现了生态赤字现象，这就导致生态产品变成了奢侈品。党的十九大报告中指出当前我国社会的主要矛盾为人民日益增长的美好生活需要和不平衡不充分的发展之间的矛盾，正是由于这一矛盾的存在，我国更应该重视生态保护，利用生态优势来发展经济，最终实现生态产业化、产业生态化，为人们提供源源不断的生态产品，并始终维护我国的国土安全。

(三)生态保护是实现美丽中国和可持续发展之保障

作为中国特色社会主义事业的基本内容之一，生态文明建设不仅影响着中华民族的未来，还关乎民生福祉，决定着我国是否能实现伟大中国梦，是否能建设美丽中国，实现可持续发展。所谓的美丽中国就是指拥有蓝天白云、山清水秀、鸟语花香的中国。金山银山不如绿水青山，我们必须在进行经济建设的同时保护生态文明。对自然资源毫无节制的利用与开发，只会造成资源的枯竭，也许会带来经济的一时发展，但从长期发展来看，资源的浪费必将阻碍经济发展，人类赖以生存的生态条件遭到破坏，就会难以生存。因此，为了人类自身的生存，我们也必须尊重自然、敬畏自然，走可持续发展之路。

(四)生态保护是推动我国建立国际话语权之必然选择

自中华人民共和国成立以来，经过全体人民的不懈奋斗，我国已经屹立于世界民族之林，成为世界上的第二大经济体，尽管我国在经济方面取得了巨大成就，但几十年来的经济发展所带来的生态破坏严重阻碍了我国生态环境的发展，资源消耗、环境污染等造成了生态恶化，同时也使得我国与西方国家在生态方面存在着一定的差距。特别是近几年，各种由于生态破坏带来的恶劣现象频发，这不得不引起世界的关注。自古以来，我国就是一个有担当的国家，在生态环境保护方面也不例外，因此，我国可以通过植树造林、退耕还林等方式来保护生态环境，如此才能提高我国的国际地位和国际形象。

三、生态保护面临的挑战

(一)自然生态系统十分脆弱，生态承载力问题日益突出

目前，就我国的实际情况来讲，存在着严重的生态问题。这主要表现在生态空间不充裕方面，无论是草原、湿地空间还是森林空间都严重不足。我国的地域面积广阔，南北方在地形地势方面存在着较大差异，这就造成了复杂多样的生态系统。另外，再加上近年来，人口迅速增长以及为了大力发展经济而对生态资源的不合理开发等都对我国的生态环境造成了影响，生态承载力问题日益突出。

(二)生态环保历史欠账多，保护建设难度加大

事实上，为了加快经济发展，大力提升我国综合国力，我国在近些年的发展过程中一直存在着重经济轻生态的问题。由于对生态的长期忽略，导致新旧生态问题不断交织，存在着综合性、复杂性、长期性等特点，这也就使得我国在当下的生态环境建设方面面临着艰难而又巨大的任务，要想全面建设生态文明，必将付出艰辛努力。

生态系统的演变受到多方面因素的影响，气候因素就是其中之一。一方面，气候的改变会对树木结构产生影响，我国当前气候的改变使得温带阔叶林向更高的地域扩展，生活在森林里的物种也在不断向北方迁移。另一方面，与之前相比，生态的破坏使得气候变得暖干，降水大量减少，尤其是黄土高原、华北、西南等地区。这就使得草地开始退化、湿地不断减少、荒漠化不断加重，面对这些生态问题，我国建设生态文明之路更加艰难。

与此同时，为了使人们过上幸福生活，尽快实现共同富裕，城镇化的脚步也在不断加快，这给生态建设造成了阻碍，我国在发展经济的同时一定要关注生态平衡，同步建设生态。

(三)生态系统功能不强，生态产品十分短缺

我国是世界上人均生态资源稀缺的国家之一，生态资源总量不足，森林、湿地、草原等自然生态空间不足、质量不高、分布不均、功能不强，生态产品非常短缺。我国生态产品的短缺与生态产品质量的低下，与人民群众日益增长的生态产品需求形成了较大的差距。

(四)生态保护与建设的投入不足，科技与人才支撑薄弱

由于我国生态欠账多，生态保护和建设的压力大，应保持较大幅度的持续投入才能扭转当前的恶化趋势。但是长期以来，我国生态保护的资金投入过多依靠中央财政，市场机制的决定作用远未发挥出来。政府投入多，社会投入小，融资渠道单一，缺乏有效的社会资金的引导机制，公众参与机制还未真正建立起来，导致我国生态保护与建设的资金投入总量不足且难以持续。而在科技支撑和人才保障上，也危机重重。生态保护与建设必须依靠科技的支撑，但是由于我国科技投入不足，方向分散且不连续，基础性研究薄弱，技术支撑推广体系不健全，生态保护建设科技成果在生产中应用程度较低。在人才建设上，一方面社会在培养适用人才上存在不足；另一方面人才使用过程中专业人才流失严重，队伍专业化低，专业队伍建设有断档、断层等危险。

(五)生态差距明显，履行国际生态责任形势严峻

与生态良好的发达国家相比，我国生态差距明显，区域发展不协调、经济与生态环境发展不均衡仍然是我国可持续发展与进一步加强生态保护建设的突出障碍。我国作为世界上最大的发展中国家，在生态资源上，无论是数量还是质量都并无优势。我国是土地沙化和水土流失最严重的国家之一，也是森林资源最贫乏的国家之一。当今世界各国特别是世界大国、国际组织、联合国等，对全球气候变化生态问题的关注越来越多，各类生态环境保护行为不断涌现，给我国的生态保护与建设也带来了前所未有的国际压力。国际社会关于森林资源保护、荒漠化防治、湿地保护、野生动植物保护等相关公约的刚性约束机制趋强，涉及中国的敏感物种和敏感议题不断增多，履行国际公约的任务将越发艰巨。

总之，我国生态条件脆弱，局部生态改善与局部恶化一直并存，生态问题仍旧是制约我国可持续发展的重大问题，满足人民美好生活需要的重大障碍和中华民族永续发展的重大隐患，我们必须对生态保护和建设的艰巨性、复杂性、长期性等予以高度的重视，持之以恒加强生态保护和建设。

四、进一步推进生态保护的路径与建议

生态保护和建设是综合性的系统工程，涉及面广。长期以来，党和政府

对生态保护和建设的认识不断深化，广大人民群众生态保护与建设的意识不断增强。"三北"防护林工程实施以来，我国以重点领域和关键领域为抓手，实施重大生态工程，治理与开发并重，区域与系统建设齐驱，在保护生态资源、加强生态治理、增强生态产品生产能力等方面取得了明显成效。但基于新时代新要求，我们还需在巩固已有成果的基础上，进一步持续地推进生态保护与建设。

(一)加强顶层设计的系统性，确保生态优先理念真正树立与落实

生态兴则文明兴，生态衰则文明衰。生态兴国、生态立国，是我们推动经济社会发展首先需要秉承的基本原则，是我们开启生态文明时代的基础与根本保障。生态文明建设的基本要求，一是生态安全，二是环境良好，三是资源永续。生态保护与建设是保障生态产品供给和生态安全的关键所在。我国国情和自然条件极其复杂，各地情况千差万别。目前我国生态保护与建设的总体设计缺乏系统性，与经济结构调整、生产方式转型、生活消费模式改变的要求结合不紧密，亟须在生态文明框架下进行生态保护的系统设计，让生态保护与生态文明其他建设融合、衔接及互动，确保生态优先理念的真正树立与落实。不仅要改变那些土地粗放利用、空间无序开发、追求挖山填湖、大树移栽等短期行为，还要预防那些忽视生态功能，甚至违背生态规律和破坏生态系统服务等伪生态的做法。通过系统的顶层设计和细致的规划，将生态保护及建设真正落实到位。

(二)优化生态保护的体制机制，做好生态系统的统筹与综合管理

加强生态保护与建设，应优化生态保护的体制机制，从制度层面进行设计，做好生态系统的统筹和综合管理。山水林田湖草是生命共同体，因此应将环保、水利、海洋、旅游、建设等相关部门的生态保护职能进行整合和协调，强化统一监管，提升专业化水平，同时建立协调机制和监督机制。

另外，生态保护与建设应坚持政府主导、市场调节和社会参与的原则，完善市场机制，建立健全社会参与机制，调动市场和公众的力量来推进生态保护工作。运用市场经济的方法推进生态保护与建设，也是解决公共资金投入不足和公共资金使用效率低下的有效途径。这需要尽快建立自然资源产权制度，制定生态产品市场规则，加快建立资源使用权出让、转让和租赁的交易机制，调动民间生产生态产品的积极性，盘活生产要素，促进生态资产的合理配置和有偿使用，做好生态系统的统筹管理。

(三)健全生态保护与建设的法律体系，促进法制化和可持续发展

我国目前现有法律法规大都是针对某一特定生产要素制定的，例如，《森林法》《草原法》和《中华人民共和国水法》(以下简称《水法》)等，没有考虑到自然生态的有机整体性和各生产要素的相互依存关系，这种分散性立法在系统性、整体性和协调性上存在着重大缺陷和明显不足。新修订的《中华人民共和国环境保护法》(以下简称《环境保护法》)虽然规定了生态补偿等措施，但是总的来说，和生态保护有关的自然资源开发利用、林业环境、农业环境、水环境、水土保持等方面规定修改得很少，综合性也不足，立法结构“瘸腿”的现象没有得到纠正。因此，要进一步建立健全生态保护和建设的法律法规，构建相应的法律体系。同时，还应完善生态保护和建设的配套性立法，制定相应的制度和修改相关的技术规范，使其具有法律效力。

另外，还要加强对传统立法的生态化改造，部门法的生态化并不只在立法形式上规定生态保护的法律条款，而要求在内在精神上能遵循生态系统管理的基本原则，并真正确认和有效保护基于生态系统服务功能而蕴含的生态利益，修改不利于生态保护和建设的法律规定，确定和保护生态效益，形成生态保护法制建设的整体合力，让制度为进一步加强生态保护与建设保驾护航。

(四)加大生态保护与建设的资金投入与人才保障，加强科技创新

政府应当健全和完善有关财政税收和金融等方面的经济政策，保证生态保护与建设所需的资金，加快建立生态财政制度，把生态财政作为公共财政的一个重要组成部分，加大对生态保护的财政转移支付力度，加强相关基础设施建设，对重点生态保护和生态修复工程确保资金的注入，还要监督资金的使用过程，提高资金的使用效率。

同时，要建立支持生态建设的投融资机制，通过政府引导社会各方面的参与，促使社会资金投向生态保护与建设，拓宽生态保护与建设的市场化运作的道路，努力形成多元化的资金格局，构建多方并举合力推进的格局。

在生态保护与建设的科技创新上，要努力提高生态保护与建设的科技创新能力，大力研发生态保护与建设的新技术，同时加强科技成果转化，为生态保护提供强有力的技术支撑，加强对工程绿化技术和生态修复等工程的研究与示范。应进行专业人才的培育与现有人才的专业化培训，提供生态保护的人才保障。

(五)积极参与生态保护的国际谈判，促进生态保护国际交流与合作

生态问题既是一国的区域问题，也是全球必须共同面对的问题，我们生活在一个地球上，是命运的共同体，加强生态保护与建设需要多国的交流与合作。

一方面，我们要积极参与生态保护与建设的国际谈判以及国际规则的制定，加强对当前生态保护重大问题的研究，争取更多的话语权和主动权，维护国家利益。

另一方面，要更加积极主动地参与国际合作，拓展国际合作空间，根据生态保护与建设总体战略目标和需要解决的关键性问题，确定优先领域，积极引进国外资金、技术和先进管理经验，提高资金的使用效率，强化本国的生态保护能力建设，为全球生态安全做出贡献。

第二节　加强资源节约

一、资源节约的概念

资源节约是指通过对资源的合理配置、高效和循环利用、有效保护和替代，实现以最少的资源消耗获得最大的经济和社会收益。资源节约的核心是提高资源利用效率，重点路径包括节能、节水、节材、节地、资源综合利用和发展循环经济等。

二、中国资源节约工作面临的主要问题

在资源的开发利用方面，我国正在从粗放型向节约型转变，并取得很大成效，资源节约理念被广泛传播，技术进步明显，管理体制日益完善。但同

时也面临一些问题。

(一)资源节约工作压力大

长期以来，粗放式的发展方式已深入我国社会经济的各个方面，要改变这种状况，需要付出巨大的努力及社会成本，且不是短时间能解决的。对于节能、节水、节地、节材等资源节约工作来说，不仅需要持续完善相关的节约机制体制，也需要在技术创新方面进行巨大的投入，面临的工作千头万绪，压力较大。

(二)建立健全资源高效利用机制面临诸多挑战

节能、节水、节地、节材、节矿标准体系有待进一步完善，用能权、用水权、碳排放权等市场交易机制推进缓慢，能源和水资源消耗、建设用地等总量和强度双控行动面临来自多方面的阻力，建筑节能标准在农村难以推进，从目标责任的强化、市场机制的完善，到标准控制和考核监管体制的完善等诸多方面都面临挑战。

(三)全民所有自然资源资产有偿使用制度不完善

改革开放以来，我国全民所有自然资源资产有偿使用制度逐步建立和完善，在促进自然资源保护和合理利用、维护所有者权益方面发挥了积极作用，但还存在与经济社会发展和生态文明建设不相适应的一些突出问题，如所有权人不到位，使用权权利体系不健全，市场决定性作用发挥不充分等。

三、进一步推进资源节约的路径

(一)基本路径

建设资源节约型社会的主要目标是转变“高投入、高消耗、高排放、不协调、难循环、低效益”的粗放型经济增长方式，逐步建立起资源节约型产业体系和消费体系。要实现以上目标，需要构建从生产、流通、分配到消费各个环节相互关联、相互制约的资源节约体系。

针对当前我国资源节约工作中存在的问题与挑战，建议重视以下几个方面的工作。

一是重视资源替代工作。长期以来，我国在资源节约工作中主要强调资源的高效利用、资源的合理配置及资源的有效保护三大路径，对资源替代工作重视不够。实际上，利用可再生资源替代不可再生资源是节约资源的重要路径。在我国的各类资源中，有相当一部分资源面临资源贫乏或资源枯竭的问题，资源替代有利于应对这方面的问题。

二是完善资源产权制度。产权不明是我国资源不能得到有效保护的主要根源之一，并影响资源的有偿使用制度。要促进资源节约，需要完善资源有偿使用制度及资源产权制度。我国新成立了自然资源部，有利于推进资源产权制度的完善。

三是重视利用智慧技术推进自然资源的节约。节约资源意味着成本的降低，对于企业、个人等资源消费主体来说，主观上是愿意进行资源节约工作的，关键是要有条件及成本可接受。智慧技术的出现及应用为各类资源消费主体节约资源提供了有力的技术支撑，也为各级监管部门的监管提供了有力的技术手段。

四是重视资源节约潜力分析。不同的行业、领域，甚至不同的区域，在资源节约上有着不同的潜力，要通过制定“资源节约潜力地图”等方式，明确资源节约的重点领域及轻重缓急，避免制定一些不切实际的目标。

五是重视发挥“领跑者”机制的作用。不同于以约束机制为主的环境保护工作，资源节约工作应以激励为主。通过完善“领跑者”机制等措施，形成鼓励节约、杜绝浪费的市场氛围及社会氛围。

(二)政策路径[①]

提出从优化国土空间开发格局、全面促进资源节约、加大自然生态系统和环境保护力度及加强生态文明制度建设四个方面，大力推进生态文明建设，旨在着力推进绿色发展、循环发展、低碳发展，为人民创造良好生产生活环境。这说明，我国将从统筹人与自然关系出发，尊重自然、顺应自然、保护自然，“还权利于自然”，形成以国土空间格局为支撑，以资源节约为优先，以生态环境保护为路径，以制度创新为保障的生态文明建设体系，通过生产方式和生活方式的根本性变革，实现经济、社会、生态环境全面协调可持续发展。

---

① 彭补拙. 资源学导论(修订版)[M]. 南京：东南大学出版社，2014：315－316.

1. 发挥“政府第一资源”的统筹功能，实施规划倒逼

“规划科学，是最大的节约；规划不合理，是最大的浪费”。为了将又好又快的战略要求落实到位，进一步增强区域发展之间的合作与协调，建议编制体现环境容量、资源供应约束的国土规划，实现不同区域、城镇基础设施建设的共享性规划与布局，减少和控制低水平重复建设；编制建设资源节约型社会规划，增强对节能、节水、节地、节材、资源综合利用和循环经济建设的统领性，并制订有关资源节约型社会的评价指标体系，形成约束性和引导性指标内容，切实推进资源节约型社会建设；以健康城市化为重点，坚持先规划后建设、先征地后配套、先储备后开发、先做环境后出让的原则，科学谋划城市布局与建设工作，注重城市土地的适当混合使用以及城市集中供热体系的建设，积极促进公交优先战略的实施，减少城市建设与运行中的资源环境过度占用问题，促进城市人居住环境的持续改善。

2. 发挥经济杠杆的调节功能，实施价格倒逼

在健全节约资源的法律法规和标准体系的基础上，进一步改革资源环境价格的形成机制和价格结构，将资源的稀缺性及环境占用的外部性成本纳入资源环境价格体系，更好地反映资源环境的稀缺程度和供求关系。如通过进一步适度提高污染收费标准、促进排污权交易、发展水权市场、实施工业用地最低出让价格制度、政府绿色采购等资源环境市场机制，切实提高全国资源节约利用效率。

3. 发挥产业政策的引导功能，实施产业倒逼

通过修订资源利用、环境排放以及生态占用的标准，不断提高高能耗、高水耗、占地多、污染重行业部门的运行成本，促进传统产业的技术升级或区域转移；同时，通过政府财政支持和科技政策的支持，积极促进资源节约型技术及产品的研发，不仅可以为国内外资源节约利用水平的提高提供技术或产品服务，而且也可以形成一个资源节约型技术及产品研发的新兴产业群。

4. 发挥资源配置的政府功能，实施供应倒逼

通过积极有效地发挥政府在水、土地、能源等重要资源配置方面的主导性作用，形成有利于经济又好又快发展的资源供应机制。例如，为了保障工业用地的有效供应，增强政府对于工业用地市场的调控力度，建议建立工业

用地储备制度。主要是：收购储备工业用地，控制低价出让工业用地行为；收购储备闲置工业用地，为经济社会提供发展空间；根据规划，进行工业用地或工业园区整理与建设；调控工业用地市场，平抑工业地价，平衡工业用地供求矛盾。此外，通过供应倒逼机制，还有利于增强重点能源企业或企业集团的能源储备能力，通过促进海外合作、政府财政补贴等方式，不断增强重要能源企业或企业集团的能源储备能力。

5. 重视土地资源综合承载力评估

在城镇布局、土地利用中不仅需要关注粮食安全及保障，还需要充分考虑土地利用尤其是城镇、开发区土地占用对于水资源、能源资源、环境容量、碳容量等的压力与影响。否则，即便保护了耕地面积，保证了粮食安全，但由于过度的人口、产业以及基础设施集聚，导致水资源与水环境问题、能源过度消耗问题、生态环境成为奢侈品，也将破坏“山水田林湖”系统的平衡。更值得重视的是，由于这一状况对人类健康的损害加剧，公众对于发展的信心丧失，导致社会危机与风险。

(三)借鉴国际经验路径

资源节约型社会建设是全人类的责任，更是当前应对气候变化、增强全球可持续发展能力的重要手段，因此，各国都根据自身的经济社会发展阶段特征，提出相应的要求，主要体现在以下几个方面。

1. 推动政府优先节约

政府的率先垂范与导向有巨大的推动作用。政府机构节约资源不仅是控制或降低资源消费增长幅度，减少公共财政支出，推动新技术、新设备、新材料推广应用的重要措施，而且也是向全社会做好示范表率，引导和推进全社会节约资源，建设节约型社会的有效途径。例如，加拿大、荷兰等国家要求所有政府机构都参与节能项目的实施；美国专门制定了白宫短期及长期节能行动计划，并在法律中对政府节能等相关问题进行了规定；日本的政府部门中有专门负责节能的机构和健全的节能中介机构；澳大利亚非常重视政府机构能耗的降低，联邦政府规定所有机构每年都要向工业、旅游和资源部报告其年度能耗状况，报告同时提交国会，接受议会和公众监督，以提高政府机构节能工作的透明度。

2. 制定节能法律法规

努力提高资源利用率，以尽可能少的资源投入获得最佳经济效益，已成为各国增强产品竞争力，保证资源安全，降低环境损害，减少温室气体排放的重要手段和各国能源战略的重要组成部分，很多国家都以立法形式制定了国家级和地方级的节能法律法规。如美国先后出台了《资源节约与恢复法》《国家节能政策法》《公共汽车预算协调法》《联邦能源管理改进法》等法律，此外还对各部门制定了节能具体规定，如交通运输部门向燃料消耗高的汽车征税等；日本颁布实施了《关于合理使用能源的法令》(即《节能法》)。与此同时，一些发达国家还将能效标准和标识作为一种重要的节能法规形式，如德国的《能源节约法》制定了德国建筑保温节能技术新规范，从控制建筑外墙、外窗和屋顶的最低保温隔热指标改为控制建筑物的实际能耗。

3. 创立政策激励机制

发达国家在节约资源政策上建立激励机制，以鼓励高效节能产品的研发和应用。例如。日本对企业购置政府规定的节能设备并在一年内使用的，实行节能专项补贴、减免税政策，即按设备购置费的7%从应交所得税中扣除；英国实行节能基金和低息贷款政策，其碳排放信托基金主要用于促进新的或已有的能效技术的商业化，其中约50%的基金用于高效节能低碳新技术的开发和商业化，其余基金用于支持节能改造项目融资和中介机构开展节能活动，此外，英国政府还设立了“能源效率基金”鼓励企业节约能源；芬兰通过收取资源环境税使资源价格反映环境等外部成本内部化，确保价格反映维持资源供应的长期成本，从而通过市场信号影响资源需求，促进消费者节约资源和资源结构调整；德国政府推出二氧化碳减排等项目，并为节能项目提供低息贷款，以调动企业和个人投资节能的积极性。

4. 发展循环经济

各国都十分重视不同领域的循环经济发展，有的还制定了较为完善的法律制度，如德国通过《垃圾清除法》《关于避免废弃物和废弃物处置法》《循环经济法》等法律促进循环经济建设；日本在20世纪80年代末90年代初就开始生态型循环经济发展模式，提出了“环境立国”以及“循环经济”和“循环型社会”的发展战略；韩国推行“废弃物再利用责任制”，实行了产品的全生命周期管理制度，规定了家用电器、轮胎等一批废旧产品须由生产单位负责回收和循环利用。

5. 实行产品能耗认证

美国环保局从20世纪90年代推出“能源之星”商品节能标识体系，将符合节能标准的商品贴上带有绿色五角星的标签，并进入政府的商品目录得到推广；德国根据欧盟《能源消耗标示法规》制定了产品能耗标签制度，对多种市场销售产品按照其能耗情况粘贴不同等级的能耗标签，而消费者在购买或租赁房屋时，建筑开发商也必须出具一份“能耗证明”，告诉消费者这个住宅每年的能耗，主要包括供暖、通风和热水供应；澳大利亚和新西兰实行住宅节能等级评定制度，住宅节能等级被分为六档，从零星级到五星级，分别代表了住宅在取暖和制冷方面的能源效率利用情况，低级别意味着或者就是高能耗住宅，室内舒适度较差，四星、五星等高级别的住宅性能好，耗费的取暖费用和制冷费用却不多，因此对购房者和开发商均具有吸引力。

6. 采用新型节能技术

技术是实现资源节约型社会建设目标的根本性措施，各国都十分重视在节能、节水、节地、节材等方面的技术创新与推广。例如，为降低室内能源消耗，芬兰新的建筑物均采用新型绝热墙体材料，并在企业推广全新的高能效生产工艺；美国能源部大力推广“零能耗住宅”新技术，旨在通过最佳整体设计、利用最先进的建筑材料以及已上市的节能设备，达到房屋所需能源或电力100%自产的目标；日本注重通过市场机制引导企业节能，节能产品是日本市场的最佳选择，若无法在节能技术上不断创新，产品最终将失去市场；韩国政府和民间积极普及太阳能高效造氧技术，以替代化石能源。

7. 加大节约宣传力度

增强资源节约的意识是关键，宣传教育将有效提高公众意识，更有利于资源节约型社会政策措施的落实。例如，德国联邦消费者中心联合会提供有关节电的信息和咨询服务，德国能源局开设有关节电的免费电话服务；日本开展全民节能运动的同时，经常举办“节约生活”大型展览会；澳大利亚和新西兰两国政府积极实施和推广住宅节能等级评定制度。

第三节　加强污染防治

一、污染防治的概念

污染的产生会造成大气、水体、土壤等生态环境的化学、物理、生物等特征的改变，从而损害对它们的有效利用，危害人体健康或者破坏自然生态环境，因此我们需要对可能产生污染的行为进行预防，并对已经产生的污染进行治理。

二、污染防治的种类与手段

（一）污染防治的种类

水体污染、空气污染、噪声污染和废物污染，被看成世界范围内的四个主要环境问题，也成为我国防治环境污染、建设生态文明的重点领域。

1. 水体污染防治

人类活动会使大量的工农业和生活废弃物排入水中，造成危害生态环境和人体健康的水体污染。我国早于 1984 年就颁布了《水污染防治法》，后由中华人民共和国第十届全国人民代表大会常务委员会第三十二次会议于 2008 年 2 月 28 日修订通过，自 2008 年 6 月 1 日起施行。现行版本为 2017 年 6 月 27 日第十二届全国人民代表大会常务委员会第二十八次会议修正。这就从立法角度保障了水污染防治举措的落实，规定了水污染防治应当坚持预防为主、防治结合、综合治理的原则，优先保护饮用水水源，严格控制工业污染、城镇生活污染，防治农业面源污染，积极推进生态治理工程建设，预防、控制和减少水环境污染和生态破坏。国家鼓励、支持水污染防治的科学技术研究和先进适用技术的推广应用，加强水环境保护的宣传教育。

2. 大气污染防治

大气污染按其影响范围可分为局部污染、地区性污染、广域污染和全球性污染等几个方面。实践证明，只有从整个区域大气污染状况出发，统一规划并综合运用各种防治措施，我们才有可能有效控制大气污染。

2010年5月，国务院办公厅印发了《关于推进大气污染联防联控工作改善区域大气环境质量的指导意见》(以下简称《意见》)。《意见》确定了推进大气污染联防联控工作的指导思想、基本原则和工作目标，提出了防治大气污染的重点区域和防控重点，制定了包括优化区域产业结构和布局，加大重点污染物防治力度，加强能源清洁利用，加强机动车污染防治，完善区域空气质量监管体系，加强空气质量保障能力以及加强组织领导在内的具体措施。这是国务院第一份针对大气污染综合防治的综合性政策文件，是我国大气污染工作进入快速发展新阶段的重要标志。

2018年国务院又进一步推出《打赢蓝天保卫战三年行动计划》，要求再通过三年努力，大幅减少主要大气污染物排放总量，协同减少温室气体排放，进一步明显降低细颗粒物(PM2.5)浓度，明显减少重污染天数，改善环境空气质量，以及增强人民的蓝天幸福感。

3. 噪声污染防治

噪声属于感觉公害，与其他有害有毒物质引起的公害不同，它没有污染物，在空气传播中并未留下毒害性物质，而且其对环境的影响不累积、不持久，传播距离也有限。因此，噪声无法集中处理，需要用特殊的方法进行控制。在环境保护行政部门的动议下，全国城市开展创建“安静居住小区”活动，这成为我国城市噪声污染防治的一项重要工作方式。

4. 废物污染防治

废物污染按来源大致可以分为生活垃圾、一般工业固体废物和危险废物三种。如果我们不对废物进行妥善收集、利用和处理处置，就会污染大气、水体和土壤，并进而危害人体健康。重金属属于有害固体废物，也是我国重点防治的废物污染之一。

除以重金属为代表的有害废物外，我国在这一时期，还积极推进一般性固体废物的污染防治，并取得了实质性进展。

(二)污染防治的手段

污染防治是一个系统性工程，需要综合运用技术手段、经济手段、法律机制和其他行政管理手段，对可能造成污染现象的污染物排放行为进行必要的监督和控制。

1. 技术手段

污染防治的技术手段是指针对在各种工业、农业生产过程中，以及城乡生活中产生的水、气、固体和声等环境污染物，通过清洁生产技术和措施预防并减少污染物的排放。这要求在污染防治过程中采用可行、有效的技术措施，并辅以所需的管理手段的综合性技术，包括制定污染控制标准，利用环境监测和环境统计方法对污染产生进行管理分析，引入各种处于研发状态或从国外引进能够有效降低能源消耗水平、物耗水平且符合现行排放标准的清洁生产和污染治理的各种新技术，采用在工业行业的清洁生产和末端实践操作中被行业证实能够达到或优于相关排放标准的各种污染防治可行技术，以及针对目标污染物的处理达到或者优于相关排放标准的污染治理可行技术等。

2. 经济手段

污染防治的经济手段是指利用市场经济规律，针对污染源的产生，运用价格、税收、信贷等经济工具，对资源开发行为进行预防和控制的举措。通过经济手段，我们可以更好地限制产生污染的社会经济活动，对积极防治污染的单位可以提供合理的经济激励。

具体措施包括：对积极防治环境污染的企业、事业单位发放补贴资金；对排放污染超标的单位征收排污费；对违反规定，造成严重污染的单位和个人处以罚款；对污染排放物损害人群健康或造成财产损失的单位和个人，责令对受害者提供损失赔偿；对减少污染排放的企业还可以提供税收减免优惠或利润留成奖励；制定和实施针对性的污染征税制度等。

3. 法律机制

法律机制是保障污染防治的强制性手段，相关部门通过制定相应的法律体系对污染排放进行控制并达到消除污染的目的。污染防治立法体系需要针对具体的污染对象制定法律规章，将国家对污染防治的要求和标准以法律形式固定下来，因此具有强制性效力。中华人民共和国成立以来，尤其是改革开放之后，我国从中央到地方已经建立了相对完善的环境保护和污染防治法律、法规体系，初步形成由国家宪法、环境保护基本法、环境保护和污染防治单行法规以及其他部门法规中关于污染防治的内容组成的法律体系。在法律手段中，除了立法之外，针对污染行为的执法同样重要。环境管理部门将针对造成污染的犯罪行为配合司法部门进行处理，协助仲裁。

4. 其他行政管理手段

防治污染的其他行政管理手段指的是国家和地方各级行政管理机构，按照宪法和其他国家行政法规赋予的权力，针对环境污染防治制定相应的政策，颁布排放标准，建立法规；对环境保护和污染防治行为进行监督协调；对污染防治工作进行行政决策和管理。

具体包括：根据行政权力划定重点污染防治区，针对污染严重的工业部门、企业要求限期治理，甚至勒令其关、停、并、转、迁等。

三、污染防治存在的问题

(一)各项环境污染治理任务依旧十分艰巨

尽管近年来，我国污染防治工作取得了显著进展，但由于沉疴难除，各领域污染状况和治理形势依旧十分严峻。随着污染防治措施深入推进，一些问题解决的难度在加大，各领域污染防治进入攻坚的深水区。特别是在推动产业结构、能源结构、交通运输结构和农业投入结构调整方面，部分地区仍对传统产业存在路径依赖，结构性污染问题依然突出，要打赢污染防治攻坚战依旧任重而道远。

(二)各地污染防治工作进展不平衡

尽管全国整体形势向好，但一些地区由于产业结构偏重、能源结构偏重、产业分布不合理，环境资源承载能力下降。针对这些地区的污染防治问题，我们需要建立长效解决机制。在一些中西部地区，经济和技术发展落后，环境保护基础设施建设滞后，环境污染治理和生态修复的历史欠债多，生态文明建设的内生动力不足，难以适应产业转型升级和布局优化的要求。一些地区传统的粗放式发展态势没有根本改变，接受发达地区污染型产业的转移，绿色发展能力差，污染治理基础薄弱，防治工作难度较大。

(三)污染防治攻坚意志不坚定

当前，全球经济形势不容乐观，各地面临严峻的经济下行压力，“保经济”与“降污染”之间的矛盾开始凸显。部分地方对生态环境保护和污染防治重要性的认识出现了弱化，污染防治攻坚的劲头发生了松动，将经济下行压力简单归结于环境监管过严的模糊认识有所抬头，放松环境监管的风险有所增加。

(四)污染防治攻坚工作能力有待增强

随着我国对生态环境保护与污染防治问题的重视程度不断增强，污染防治也对相关工作人员的工作能力提出了更高的要求。污染防治是一个强调科学性的系统工程，但从工作能力上看，当前我国环境保护与污染防治队伍相对薄弱，尤其是基层专业人员严重缺乏。从工作方式上看，重行政手段轻经济手段、重监管轻服务的问题依然存在，管理的科学化、精细化、信息化水平亟待提高。从工作作风上看，形式主义、官僚主义问题依然存在，这都成为影响污染防治攻坚的不确定性因素。

四、加强污染防治的路径

良好的生态环境是社会、经济持续发展的基础，也是增进人民健康福祉的基本条件，打好污染防治攻坚战，是为了保障社会发展、人民健康，为人民群众带来更多的幸福感和获得感。污染防治涉及公众的切身利益，因此公众对污染防治工作的认识和参与意愿不断增强。大气、水、土壤污染的防治是现阶段污染防治的核心工作，应针对这三大领域继续推进切实有效的政策措施，巩固现有的污染治理成果，以坚定的信心促进打赢污染防治攻坚战。

(一)进一步完善顶层设计，精准施策，有效防治各类污染

我们要针对大气、水和土壤三大领域的污染防治工作，制定分阶段、具体的生态环境改善目标、污染物总量减排目标和环境风险管控目标，根据实际情况，与时俱进地制订分阶段的大气污染、水污染和土壤污染防治行动计划，打赢蓝天、碧水和净土保卫战。要坚持预防为主、综合治理的方式，以解决损害群众健康的突出环境问题为重点，强化重点领域的污染防治，减少污染物排放，防范环境风险。

要从国家宏观战略层面对不同领域的环境污染防治进行科学的顶层设计，注重改革创新，激励和约束并举，特别要着力构建政府、市场、企业以及公众联动的治理机制。要彻底改变以牺牲环境、破坏资源为代价的粗放型增长

模式，不以牺牲环境为代价去换取一时的经济增长，着力加强环境监管，健全生态环境保护责任追究制度和环境损害赔偿制度，严格实施主要污染物排放总量控制，强化污染物治理，全面推行清洁生产，推动环境质量不断改善，让山更绿、水更清、天更蓝、空气更清新。

(二)继续建立和健全污染防治法律体系，保障污染防治执法工作落实

当前结构性污染问题依旧较为突出，部分配套法规和标准制定工作滞后，污染监督管理制度落实不到位，重点领域污染防治措施执行不够有力，执法监管和司法保障仍有待加强。因此，我们仍需继续建立健全污染防治的法律法规，构建相应的法律体系，建立针对重点领域污染防治的长效机制，制定和修改相关技术规范，并保障其法律效力。

加快针对各项不适合当前情况的环境污染防治法等法律的修改工作，进一步完善大气、水、土壤、噪声、固体废物等污染防治法律制度，建立健全覆盖水、气、声、渣、光等各种环境污染要素的法律规范，构建科学严密、系统完善的污染防治法律制度体系，严密防控重点区域、流域生态环境风险，用最严格的法律制度坚决打赢蓝天保卫战、着力打好碧水保卫战、扎实推进净土保卫战。对不符合、不衔接、不适应宪法规定、中央精神、时代要求的法律法规，应及时进行废止或修改。加快制定、修改与污染防治法律配套的行政法规、部门规章，及时出台并不断完善污染防治标准。

制度的生命在于执行，法律的权威在于实施。各级国家机关都要严格执行与污染防治有关的法律制度，确保有权必有责、有责必担当、失责必追究，让法律成为控制污染行为的刚性约束和不可触碰的高压线。

(三)加大资金投入与人才保障，提高污染防治工作效率

我们要进一步加大政府资金投入力度，强化科技支撑，加强生态环境保护队伍特别是基层队伍的能力建设。要健全和完善有关财政税收和金融等方面的经济政策，加强各类污染防治资金使用管理，提高财政资金使用效率。面对污染治理资金需求和投入强度之间的资金缺口，应创新相关的投融资机制，通过政府引导社会资金投向与污染治理有关的领域，拓宽形成多元化的治污资金格局，建立目标绩效考核制度，因地制宜探索通过政府购买服务、第三方治理、政府和社会资本合作、事后补贴等形式，吸引社会资本主动投资并参与污染治理和生态修复工作。

要大力投资与污染治理相关的技术研发领域，为污染防治提供精准的技术支撑，进一步加强针对污染防治工作的技术力量和人才队伍培养，形成规范化、标准化、专业化的污染防治人才储备。

(四)鼓励污染防治市场机制创新，助力治污攻坚取得胜利成果

污染防治攻坚还应充分发挥市场机制的作用，重视和运用市场机制促进污染治理，鼓励机制创新，严格市场主体在污染防治中的责任与权益。企业要把环境资源成本纳入成本体系。政府应进一步完善与污染防治相关的排放税制探索，促进企业的环保行为更加全面。创新绿色金融机制，通过绿色信贷、绿色债券等多种形式鼓励污染防治活动。探索与污染治理相关的生态补偿机制，让环境受益者为防治污染行为付费，使绿水青山的守护者得到更多获得感。

(五)形成全民参与的污染防治新局面，勠力同心打赢污染防治攻坚战

污染防治不仅是党和国家的大事，更离不开每一个人的努力。打赢污染防治攻坚战的根本目的就是让人民群众有更多的获得感，因此政府应通过各种措施，鼓励全民参与到污染防治工作中来。通过加强信息公开，强化公众对污染问题的知情权，建立公开、透明的公众监督污染情况和反映问题的渠道。

加大针对污染防治的宣传工作力度，提升全民参与意识，鼓励人民群众改变生活方式，倡导更加健康、绿色的生活方式，减少生活污染的产生。动员全民参与到污染防治工作中来，共建绿色家园。

参考文献

[1][美]卡尔·波普尔. 猜想与反驳[M]. 傅季重，译. 上海：上海译文出版社，1986.

[2]《生态环境保护管理创新与建设美丽中国实践探索》编委会. 生态环境保护管理创新与建设美丽中国实践探索[M]. 北京：经济日报出版社，2014.

[3]蔡昉. 新中国生态文明建设 70 年[M]. 北京：中国社会科学出版社，2020.

[4]曹洪军，李昕. 中国生态文明建设的责任体系构建[J]. 暨南学报(哲学社会科学版)，2020，42(7).

[5]曾枝柳. 广西低碳农业建设研究[M]. 南宁：广西人民出版社，2017.

[6]陈驰. 绿色法治论略[J]. 四川师范大学学报(社会科学版)，2017，44(3).

[7]储著斌. 习近平强化公民环境意识重要论述的丰富内涵[J]. 中南林业科技大学学报(社会科学版)，2019，13(3).

[8]丛嘉，许晓晖. 浅论公民生态文明意识的培养[J]. 经济研究导刊，2014(21).

[9]戴进. 以绿色理念引领生态中国建设[J]. 传承，2016(5).

[10]付晗宁. 论绿色发展观[D]. 沈阳：东北大学，2014.

[11]高林. 绿色经济发展与生态文明建设的辩证关系研究[D]. 南昌：江西师范大学，2015.

[12]关兵峰. 贯彻绿色发展理念推进生态文明建设[J]. 福建教育学院学报，2017，18(1).

[13]贵州工业清洁生产促进会. 绿色经济是贵州发展的基石[M]. 北京：中央民族大学出版社，2018.

[14]国凤兰，于雷. 政府审计服务生态文明建设理论与实践[M]. 北京：中国铁道出版社，

2018.
[15]郝栋. 绿色发展道路的哲学探析[D]. 北京：中共中央党校，2012.
[16]贾风姿，刘建涛. 中国环境问题的文化观省思与抉择[M]. 大连：大连海事大学出版社，2013.
[17]康沛竹，段蕾. 论习近平的绿色发展观[J]. 新疆师范大学学报(哲学社会科学版)，2016，37(4).
[18]李高东. 历史唯物主义视域下五大发展理念研究[M]. 北京：中国矿业大学出版社，2017.
[19]李杰. 生态思语[M]. 北京：线装书局，2016.
[20]李菁. 习近平绿色发展思想研究[D]. 南昌：东华理工大学，2018.
[21]李世杰. 绿色发展理念的形成和内涵解读[J]. 现代商业，2018(13).
[22]李晓菊. 我国生态文化建设的制度缺失及其构建[J]. 福建行政学院学报，2013(5).
[23]李延超，刘雪杰. 都市生态体育文化的构建与运行 以上海为例[M]. 上海：上海人民出版社，2019.
[24]李垚，袁菲，刘明智. 中国绿色食品产业发展与绿色营销[M]. 北京：九州出版社，2019.
[25]李荫榕，朱加凤.《马克思主义基本原理》原著选读[M]. 哈尔滨：哈尔滨工业大学出版社，2007.
[26]李永峰. 生态伦理学教程[M]. 哈尔滨：哈尔滨工业大学出版社，2017.
[27]林爱广. 中国生态文明建设及路径研究[D]. 杭州：浙江农林大学，2013.
[28]刘涵. 习近平生态文明思想研究[D]. 长沙：湖南师范大学，2019.
[29]刘静佳. 生态文明建设视阈下云南旅游产业的转型升级[M]. 昆明：云南大学出版社，2018.
[30]刘文霞. 论“深绿色”理念下的经济发展模式[J]. 北京科技大学学报(社会科学版)，2009，25(4).
[31]龙晓华. 加强生态文明建设推动区域绿色发展[J]. 中国行政管理，2018(8).
[32]陆波. 当代中国绿色发展理念研究[D]. 苏州：苏州大学，2017.
[33]马登岐. 环境科技与循环经济[M]. 石家庄：河北科学技术出版社，2005.
[34]牛文浩. 生态思想维度中社会主义生态文明研究[M]. 北京：经济日报出版社，2019.
[35]彭补拙. 资源学导论(修订版)[M]. 南京：东南大学出版社，2014.
[36]钱易. 新时代生态文明建设总论[M]. 北京：中国环境出版集团，2021.

[37]屈彩云. 绿色发展助推生态文明建设愿景[J]. 中国发展观察，2021(11).

[38]任铃，张云飞. 改革开放40年的中国生态文明建设 1978－2018[M]. 北京：中共党史出版社，2018.

[39]万一孜，陈红. 绿色理念下绿色经济发展的路径探究[J]. 全国流通经济，2021(1).

[40]王丹. "五位一体"生态文明建设研究[M]. 大连：大连海事大学出版社，2019.

[41]王冠. 煤炭资源型城市生态安全演变机理及评价研究 以焦作市为例[M]. 北京：中国经济出版社，2017.

[42]王吉飞. 绿色发展理念的理论蕴含及其实践指向[D]. 太原：山西师范大学，2017.

[43]魏智勇. 内蒙古生态文化建设战略研究[M]. 北京：中国环境出版有限责任公司，2019.

[44]吴文娟. 习近平绿色发展理念及其时代价值研究[D]. 兰州：兰州理工大学，2019.

[45]习近平. 决胜全面建成小康社会夺取新时代中国特色社会主义伟大胜利——在中国共产党第十九次全国代表大会上的报告[N]. 人民日报，2017－10－28.

[46]习近平. 推动我国生态文明建设迈向新台阶[J]. 求是，2019(3).

[47]徐飞. 论生态公民的伦理精神[D]. 长春：中共吉林省委党校，2017.

[48]郇庆治. 生态文明及其建设理论的十大基础范畴[J]. 中国特色社会主义研究，2018(4).

[49]阎喜凤，胡小明. 绿色发展理念蕴含环境伦理思想的逻辑研究[J]. 理论探讨，2020(1).

[50]杨发庭. 绿色技术创新的制度研究[D]. 北京：中共中央党校，2014.

[51]易丽昆. 生态文明价值理念下的"两型社会"建设——以常德市为例[J]. 湖南文理学院学报(社会科学版)，2008(4).

[52]于妍. 生态文明建设视域下绿色发展研究[D]. 哈尔滨：哈尔滨理工大学，2014.

[53]余杰. 生态文明概论[M]. 南昌：江西人民出版社，2013.

[54]赞孝通. 乡土中国[M]. 上海：生活·读书·新知三联书店，1985.

[55]张学勤，李兆云. 现代城市生态研究[M]. 长春：吉林人民出版社，2019.

[56]张云飞. 中国改革开放成就丛书辉煌40年生态文明建设卷[M]. 合肥：安徽教育出版社，2018：387.

[57]赵国锋，段禄峰. 绿色理念下生态文明发展的多维思考——以陕西省为例[J]. 学术论坛，2016，39(9).

[58]赵玲. 生态经济学[M]. 北京：中国经济出版社，2013.

[59]周蕾，雷志远．新时代背景下生态文明建设的路径优化分析[J]．大众科技，2018，20(3)．

[60]庄友刚．准确把握绿色发展理念的科学规定性[J]．中国特色社会主义研究，2016(1)．